国家级职业教育规划教材
全国高等职业院校电子商务专业教材

网站设计与开发

邓宁◎主编

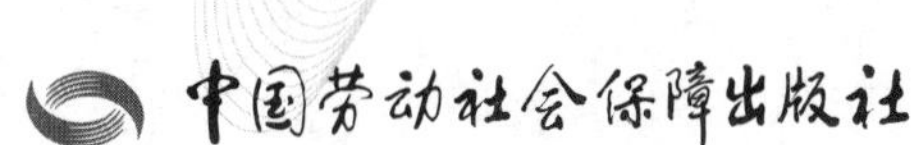
中国劳动社会保障出版社

简　介

本教材为全国高等职业院校电子商务专业教材。教材主要包括电子商务网站赏析与规划、HTML5 基础页面制作、CSS3 页面美化、网页特效制作、电子商务网站设计开发项目实战、响应式电子商务网站开发、电子商务网站的推广等内容。

本教材以“项目—任务”形式编写，设计了学习目标、任务分析、相关知识、任务实施、思考拓展等多个栏目，形式生动丰富，语言简练通俗，易于学生理解并将理论转化为实践，从而适应职业岗位的需要。

本教材由邓宁任主编，张丽媛、张彦美、王春芳参与编写，谢冠怀审稿。

图书在版编目（CIP）数据

网站设计与开发 / 邓宁主编. -- 北京：中国劳动社会保障出版社，2024
全国高等职业院校电子商务专业教材
ISBN 978-7-5167-5909-7

Ⅰ. ①网…　Ⅱ. ①邓…　Ⅲ. ①网站 - 设计 - 高等职业教育 - 教材②网站 - 开发 - 高等职业教育 - 教材　Ⅳ. ①TP393.092

中国国家版本馆 CIP 数据核字（2024）第 048106 号

中国劳动社会保障出版社出版发行
（北京市惠新东街 1 号　邮政编码：100029）

*

北京市白帆印务有限公司印刷装订　　新华书店经销

787 毫米 ×1092 毫米　16 开本　17.25 印张　367 千字
2024 年 4 月第 1 版　　2024 年 4 月第 1 次印刷

定价：39.00 元

营销中心电话：400-606-6496
出版社网址：http://www.class.com.cn
http://jg.class.com.cn

前 言

近年来，我国电子商务取得显著成就，电子商务已经全面融入我国生产生活各领域，成为提升人民生活品质和推动经济社会发展的重要力量。电子商务的新业态、新模式发展也创造了大量新职业、新岗位，对电子商务从业人员的职业素质提出了新要求。为了培养更加符合电商技术领域和职业岗位（群）工作要求的高素质应用型人才，我们组织有关行业企业专家、职业院校电商专业学科带头人、骨干教师，依据电子商务师国家职业技能标准和企业实际需求，研发了这套全国高等职业院校电子商务专业教材。

新编写的教材具有以下主要特点：

1. 着眼电商企业新技术、新业态发展，构建满足企业用人需求的专业教材体系

本套教材立足电商企业技术服务与运营推广的岗位架构，围绕电商直播、短视频制作与推广、跨境电子商务等新技术与新业态，构建了由专业基础课程教材、专业核心课程教材和专业拓展课程教材组成的教材体系，主要包括《电子商务基础》《电子商务法律法规》等专业基础课程教材，《商品图片拍摄与处理》《网店视觉设计》《网站设计与开发》等技术与服务类专业核心课程教材，《网店运营实务》《跨境电子商务实务》《电商直播》等运营与推广类专业核心课程教材，以及《电子商务会计》《电子商务物流》等专业拓展课程教材，以岗位工作为导向，以综合职业能力为核心，培养符合企业需求的电商应用型人才。

2. 积极创新教材编写模式，注重实践能力培养

在教材研发过程中，坚持产教融合、工学一体的职业教育理念，对于技术技能型课程，积极探索按照职业领域典型工作任务，以工作过程为主线，以综合职业能力为目标，体现项目导向、任务驱动、工学结合的教学设计。对于专业理论课程，则尽可能多地引入企业真实案例、素材等，以提高学生的工作实践能力。

3. 开发多种教学资源，提供优质教学服务

在教学服务方面，围绕主教材，配套开发电子课件和相应的习题册，并对重点核心课程开发操作演示视频、微课、素材库等数字资源，方便教师教学和学生自主学习。电子课件及习题册答案可登录技工教育网（jg.class.com.cn）查询下载，数字化配套产品扫描书中二维码即可在线观看。

4. 丰富教材表现形式，提高教材可读性

教材的表现形式符合职业院校学生的认知规律。通过清晰的栏目设置，增强教材的表现力，并尽可能多地以图表代替大段冗长的文字叙述，使教学内容直观明了，降低学习难度。同时，对部分教材采用四色印刷，以增强教材内容的表现效果，提高教材的时代性和可读性。

本套教材的编写工作得到了有关学校的大力支持，教材的编审人员做了大量的工作，在此我们表示衷心的感谢！同时，恳切希望广大读者对教材提出宝贵的意见和建议。

人力资源社会保障部教材办公室

目　录

项目一 电子商务网站赏析与规划

项目引入

随着互联网的快速发展，基于网络的电子商务蓬勃兴起，并日益成为一种新的商业媒介和营销渠道。在此背景下，企业的电子商务网站无可争议地成为企业开展电子商务的绝佳平台。电子商务网站具有与客户及潜在客户建立商业联系，全面详细地介绍企业及其产品，减少通信、广告、管理等费用，降低经营成本，及时得到客户的反馈信息等诸多优势，一个优秀的电子商务网站能够大幅度提高企业的竞争力，有效塑造企业形象。

目前，一方面电子商务网站数量众多，同质化现象十分严重。要想在第一时间吸引客户，就必须有良好的网站设计；另一方面，从互联网到移动互联网，技术的更新迭代又不断推动着电子商务网站的发展变革。因此，掌握电子商务网站的基本知识，把握电子商务网站开发的一般规律，做好网站建设的前期规划和设计显得尤为重要。

任务一 电子商务网站赏析

学习目标

知识目标

1. 熟悉电子商务网站的基本类型和发展趋势。
2. 熟悉万维网的工作原理。
3. 熟悉电子商务网站网页布局、色彩应用及视觉营销的一般方法。

技能目标

1. 能够通过电子商务网站页面分析，获取电子商务网站常见元素的基本参数。
2. 能够通过比较分析电子商务网站，形成提升电子商务网站用户体验的思路。

任务分析

电子商务网站有多种类型，本任务通过赏析不同类型的优秀电子商务网站，帮助学习者了解电子商务网站的基本类型、网页布局、色彩设计等内容，为后续学习打下基础。

相关知识

一、电子商务网站的基本类型和发展趋势

1. 电子商务网站的基本类型

电子商务网站是企业、机构或个人在互联网上建立的站点，用作开展电子商务活动的基础设施、信息平台和交互窗口。电子商务网站的类型有很多，下面按照构建电子商务网站的主体分类，介绍不同电子商务网站的特点及设计风格。

（1）企业电子商务网站和行业电子商务网站

企业电子商务网站是以企业为构建主体开展电子商务活动的平台。比如，华为网站（见图 1–1）、海尔网站、小米网站（见图 1–2）等。

企业电子商务网站特别是中小企业电子商务网站，页面布局多采用“居中对称”和“左拐角形”的方式。网站设计配色多采用企业标准色、企业标志的颜色以及与企业产品相关的颜色，或者蓝色、灰色等典型体现商务简约风格的色调。网站导航条基本涵盖了该网站的二级页面栏目分类，常见的栏目有：指示主页的“首页”、介绍企业基本信息的“关于公司”、展示企业动态的“新闻中心”、展示产品的“产品中心”、体现服务的“服务支持”、招聘人才的“加入我们”等。网站底部一般有版权信息、友情链接、企业联系方式、说明信息等。为了保持网站风格的统一性，二级页面的头部、底部和导航通常保持一致。

行业电子商务网站是以行业机构为构建主体，旨在为行业内的企业和部门进行在线贸易提供信息发布、商品交易、客户交流等活动的平台。网站主要展示行业的动态信息、产品知识、厂家信息、市场行情和展会展览等资讯。例如，中服网、商用车网、化工网等。

图 1–1　华为网站主页

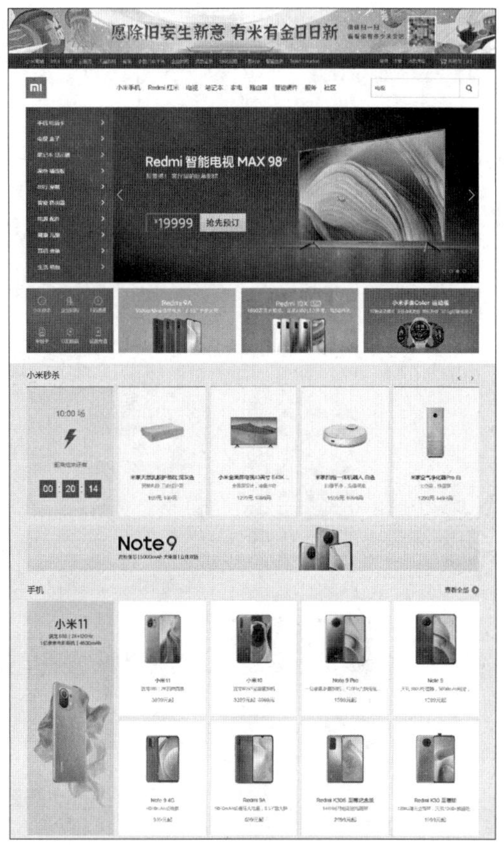

图 1–2　小米网站主页

（2）电子商城

电子商城是以电子商务软件构建的大型商品电子交易平台，其主要作用是通过电子商城交易平台向客户准确、快捷地销售产品。比较知名的电子商城有阿里巴巴集团旗下的淘宝、天猫、全球速卖通，慧聪网，京东商城，当当网等。电子商城正在朝品牌化、规模化、集团化发展方向演变。

以京东商城（见图 1–3）为例，其页面布局多采用“国字形”或“左拐角形”结构，并以喜庆的红色为主色调。页面顶端部分由企业标志和搜索栏组成，方便访问者快速搜索到相关信息。页面主体部分包括商品促销信息区和橱窗展示区。商品促销信息区一般为广告轮播图。橱窗展示区类似于实体店铺中的橱窗，由于版面有限，为了尽可能多地展示商品，一般橱窗展示区中的商品都采用小的缩略图加上简要的标题文字和价格进行展示。页面主体部分的右侧列表通常包含畅销排行榜、特卖活动等信息，以辅助访问者快速挑选商品。

（3）政府电子商务网站

政府电子商务网站是以政府为构建主体，面向企业和个人提供税收、公共服务等网络化交互活动的平台。例如，中国政府采购网 / 中国政府购买服务信息平台（见

图 1–3　京东商城网站主页

图 1–4)、中国铁路 12306 网站等。

大部分政府电子商务网站给人严谨、规范、权威的整体视觉感受，其网站设计一般结合政府各部门的业务，围绕政务公开、在线办事、政民互动等主题展开，设计的核心理念是执政为民，以提供便民服务为重点。

(4) 服务机构电子商务网站

服务机构电子商务网站是以服务机构为构建主体开展电子商务活动的平台，包括商业服务机构、金融服务机构、邮政服务机构、家政服务机构、娱乐服务机构等电子商务网站。例如，中国工商银行网站（见图 1–5)、故宫博物院网站等。

服务机构电子商务网站是由非营利性组织或特殊公共服务性机构出资建设的。它们有的虽然收费，但获取利润并不是网站经营的唯一目标，往往是为了提供更多的服务，或宣传品牌。

2. 电子商务网站的发展趋势

电子商务作为经济发展的关键动力，已全方位融入经济社会大动脉，推动实体经济由渠道驱动向数字驱动转变，开启了以数字化、智能化、网络化为特征的数字经济新时代。电子商务网站有以下发展趋势。

图 1–4　中国政府采购网 / 中国政府购买服务信息平台主页

图 1–5　中国工商银行网站主页

（1）平台化

电子商务越来越呈现平台化特征。电子商务企业从网上商店和门户网站的初级形态，逐渐过渡到将企业的核心业务流程、客户关系管理等都延伸至网络的新业态，实现企业电子商务活动的全程管理，使产品和服务更贴近用户需求。互动、实时成为企业信息交流的共同特点，网络成为企业资源计划管理、客户关系管理及供应链管理的中枢神经。电子商务企业将利用电子商务网站平台实现流量、商品和服务等的效益最大化。

（2）多样化

如今的电子商务已经进入泛电子商务时代，人们在生活中的方方面面都能体会到电子商务带来的便利和快捷，如出行订票、订酒店、网络团购等。特别是随着物联网、智能机器人、可穿戴设备技术等的发展，基于多端跨场景的全域会员营销、全域获客、全域洞察等技术逐步兴起，可以预期，电子商务网站将打破基础设施和终端的限制，呈现多样化的发展。

（3）移动化

随着移动互联网与智能终端设备的普及，越来越多的消费者在购物时选择了移动电商。近年来，我国传统电子商务交易平台企业纷纷向移动电子商务转型，不少中小企业推出了移动客户端，不断优化用户体验，有效提高了营销精准度和促销力度。

二、电子商务网站开发的基础知识

1. 万维网的工作原理

万维网（World Wide Web，WWW）是以超文本或超媒体的信息结构构建的一种简单但强大的全球信息系统，其核心部分由超文本传输协议、统一资源定位系统和超文本标记语言三个标准构成。

万维网中的信息资源主要由一篇篇的网页文档构成。当用户想访问某一个网页时，首先要在浏览器中输入该网页网址，或者通过超链接方式链接到该网页。然后，所用浏览器经相应转换，会向对应网址的 Web 服务器发送一个 HTTP 请求，在通常情况下，Web 服务器会将 HTML 文本、图片和构成该网页的相关文件逐一发回。浏览器汇总、解析这些文件后呈现给用户的就是网页。

2. 电子商务网站开发相关术语

（1）超文本传输协议

超文本传输协议（Hyper Text Transfer Protocol，HTTP）指定了客户端可能发送给服务器什么样的消息以及得到什么样的响应。

（2）统一资源定位系统

统一资源定位系统（Uniform Resource Locator，URL）是互联网的万维网程序上用于指定信息位置的表示方法。URL 一般由三部分组成：①协议（或称为服务方式）；②存有该资源的主机互联网协议地址（有时也包括网络服务的端口号）；③主机资源的具体位置。

（3）超文本标记语言

超文本标记语言（Hyper Text Markup Language，HTML）是通过标签来描述页面文档结构和表现形式的一种语言。HTML 文件就是通过标签将网络上的文字、图形、动画、声音、影像等各种分散的资源整合成的一个逻辑整体。HTML 文件用编辑器打开显示为文本，可以用文本方式编辑；用浏览器打开 HTML 文件，浏览器会按照标签解析文件，渲染成网页展现给用户。

（4）网站和网页

网站（Website）是指在互联网上，根据一定的规则，使用超文本标记语言等工具制作的用于展示特定内容的相关网页的集合。网站是由域名（也就是网站网址）、网站空间、网页用程序构建而成。

网页（Webpage）是构成网站的基本元素，是承载各种网站应用的平台。其中网站的主页，就是一个特殊的网页。一般每一个网站必须有且只有一个主页，该主页与该网站的 URL 绑定，当用户在浏览器地址栏输入一个网站的 URL 后，浏览器就会自动连接到主页。主页可看作网站的正门，体现了网站的制作风格和主题。主页通常还会包含整个网站的导航目录。大多数主页的文件名为 index.html、index.htm、index.asp、default.html、default.htm、default.asp。

网页根据表现形式的不同，可分为静态网页和动态网页。

静态网页是标准的 HTML 文件，一般以 .htm、.html 等为扩展名，可以包含文本、图像、声音、Flash 动画、客户端脚本等。静态网页是相对于动态网页而言的，是指没有后台数据库、不含程序和不可交互的网页，一般适用于更新较少的展示型网站。但静态网页并不是静止不动的，也可以出现各种动态的效果，如 GIF 动画、Flash 动画、滚动字幕等。

动态网页是由基本的 HTML 语法规范，PHP、Java、Python 等编程语言与数据库等多种技术融合所生成的网页。动态网页文件一般以 .php、.asp、.jsp 等为扩展名。在动态网页的网址中有一个标志性的符号——“?”，如“http://search.dangdang.com/?key= 电子商务 &act=input”就是一个动态网页。

（5）浏览器

浏览器是用来检索、展示以及传递网页信息资源的应用程序。浏览器最重要的部分称为浏览器内核，负责对网页语法的解析，并渲染显示网页。浏览器的内核主要有 IE 内核、Firefox 内核、Safari 内核等。各种不同的浏览器，就是在主流内核的基础上，添加不同的功能构成的。

3. 网页的基本元素

网页是由网站标志（Logo）、网站横幅（Banner）、导航条（导航菜单）、文本和图像、多媒体、超链接、表单等基本元素构成的。

（1）网站标志

网站标志是一个网站的象征，体现该网站的特色、内容以及内在的文化内涵和理念，通常位于网页的左上角。

（2）网站横幅

网站横幅是一种常见的网络广告和企业宣传形式，通常置于网页顶部最显眼的位置，用以吸引访问者注意，常以动画形式呈现。

（3）导航条（导航菜单）

导航条或导航菜单是网站设计中不可或缺的基础元素之一，是网站信息结构的基础分类，也是用户浏览网站的路标。用户访问网站时，一般会先寻找导航条（导航菜单），根据网站导航可以直观地了解网站的内容及信息分类方式，以判断该网站是否有自己感兴趣的内容。

（4）文本和图像

文本和图像是构成网页的最基本元素。网页设计人员需要考虑如何通过设计和编排这些元素来有效传达网站信息。例如，网页中文本的字体、字号、颜色的组合，背景颜色的衬托，图像、文本等网页元素之间的排版等。

（5）多媒体

随着互联网的迅速发展和网络速度的不断提升，网页中出现了越来越多的多媒体元素，主要包括动画、声音、视频等。

（6）超链接

超链接是指从一个网页指向一个目标的连接关系，这个目标可以是另一个网页，也可以是同一网页上的不同位置，还可以是一张图片、一个电子邮件地址、一个文件，甚至是一个应用程序。而在一个网页中用来承载超链接的对象，可以是一段文本或者是一张图片。当用户点击已经设置链接的文字或图片后，链接目标将在浏览器中显示，并根据目标的类型来打开或运行。网站中各个网页通过链接相互关联，从而构成一个完整的网站。

（7）表单

表单是一种特殊的网页元素，通常用于收集信息或实现交互式的效果。表单的主要功能是接收用户在浏览器端的输入信息，并将这些信息发送到服务器端进行处理。典型的应用场景有网页登录、注册、搜索等。

三、网页尺寸与布局

1. 网页尺寸

网页尺寸的设定和书本不同，书本的开本是基本固定的，作者和读者看到的尺寸都是一致的。而网页的尺寸受限于用户终端显示器的尺寸及分辨率的设置，用户在不同终端显示器上或使用不同的分辨率浏览同一个网页时，会产生不同的体验。因此，在网站建设中，通常会设计两种页面，一种是针对桌面端的页面设计，另一种是针对移动端的页面设计。

（1）常见显示器尺寸及分辨率

常见的显示器长宽比例主要有四种，即 5：4、4：3、16：10、16：9，前两个为普屏，后两个为宽屏。

显示器的分辨率是可调整的。显示器的最佳分辨率会因制造工艺和显卡性能等的不同而有所差异。表 1–1 列出了一些常见显示器尺寸对应的标准分辨率和屏幕比例。此外，320 × 240、640 × 480 等分辨率则大多使用在监视器或小屏幕手持设备上。

表 1–1 常见显示器尺寸标准分辨率和屏幕比例

序号	类型	屏幕尺寸	标准分辨率	屏幕比例
1	台式显示器	19 英寸	1 440 × 900	16：10
2			1 600 × 900	16：9
3		20 英寸	1 600 × 900	16：9
4		22 英寸	1 680 × 1 050	16：10
5			1 920 × 1 080	16：9
6		23 英寸	1 920 × 1 080	16：9
7			1 920 × 1 200	16：10
8	笔记本	14 英寸	1 366 × 768	16：9
9		15 英寸	1 366 × 768	16：9
10		15.6 英寸	1 366 × 768	16：9
11			1 920 × 1 080	16：9
12		17 英寸	1 600 × 900	16：9
13			1 920 × 1 080	16：9
14	苹果系列	4.7 英寸（苹果 8）	1 334 × 750	16：9
15		5.5 英寸（苹果 8 Plus）	1 920 × 1 080	16：9
16		5.8 英寸（苹果 XS）	2 436 × 1 125	19.5：9
17		6.5 英寸（苹果 XS Max）	2 688 × 1 242	19.5：9
18		9.7 英寸（iPad4）	2 048 × 1 536	4：3
19		9.7 英寸（iPad Air）	2 048 × 1 536	4：3
20	安卓手机	5.7 英寸、6.1 英寸、6.5 英寸、6.7 英寸等	1 280 × 720	16：9
21			1 920 × 1 080	16：9
22			2 560 × 1 440	16：9

注：1 英寸 =2.54 厘米。

（2）网站页面宽度

网站页面宽度的设计对网站的页面效果至关重要。网站页面宽度的设置并没有固定值，可以根据需求选择。表 1–2 列出了一些网站的页面宽度，相关网站数值可能有所调整，仅供学习参考。

表 1–2　　常用网站页面宽度参考

序号	站点	页面宽度（像素）
1	新浪	1 000
2	搜狐	1 180
3	网易	960
4	淘宝	1 190

网站页面宽度设计一般有两种模式，一种是定宽模式，即网站页面内容区域宽度固定；另一种是自适应模式，即网站页面内容区域宽度跟随浏览器窗口的变化而变化。

1）定宽模式。定宽是最常见的模式，主流的宽度有 960 像素、980 像素、1 190 像素、1 210 像素等。在网站设计中，网站页面宽度，大都是经过栅格系统（将网页内容区域划分成若干内容块和间隔模块）的方式推导计算得出的。

2）自适应模式。具体又分为自适应布局和响应式布局。自适应布局能够使网页自适应显示在不同大小的终端上，即不同大小的设备上都能显示同样的页面，让同样的页面适应不同大小的屏幕，自动调整布局。响应式布局是一个网站能够兼容多个终端，能够为不同终端的用户提供更舒适的页面和更好的浏览体验。

2. 常见的网页布局

常见的网页布局有“国”字型布局、“T”型布局、居中布局等。

（1）“国”字型布局

“国”字型布局是一种常见的网页布局，分为头部、主体和底部几个部分（见图 1–6）。网页头部常由网站标志、网站横幅和导航条构成；网页主体一般分为三列，

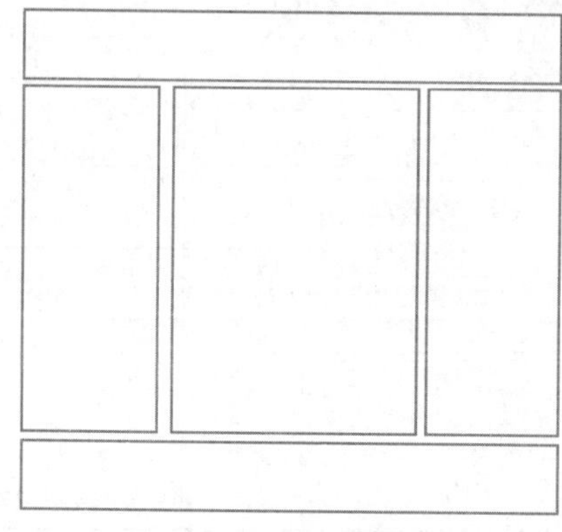

图 1–6　“国”字型布局

左右分列一些类目，中间是主要部分；网页底部是网站的一些基本信息，如联系方式、版权声明等。

（2）“T”型布局

“T”型布局也常被称为“拐角形”布局（见图 1–7），分为“左拐角形”和“右拐角形”布局。“T”型布局与“国”字型布局很接近，网页头部和底部可以与“国”字型布局类似，主要区别在网页主体部分，它一般分为两列，“左拐角形”左侧为一窄列，右侧则比较宽；“右拐角形”与之相反。有的企业网站主页采用“国”字型布局，二级页面采用“左拐角形”布局，也能够很好地体现整个网站的一贯风格。

（3）居中布局

居中布局网页的主体部分具有较大的灵活性，既可以向上扩展到网站标志和导航的头部，也可以向下延伸到底部，由一个 Flash 动画、一张精美图片或网页的主要功能（如搜索）作为网页设计的中心（见图 1–8）。

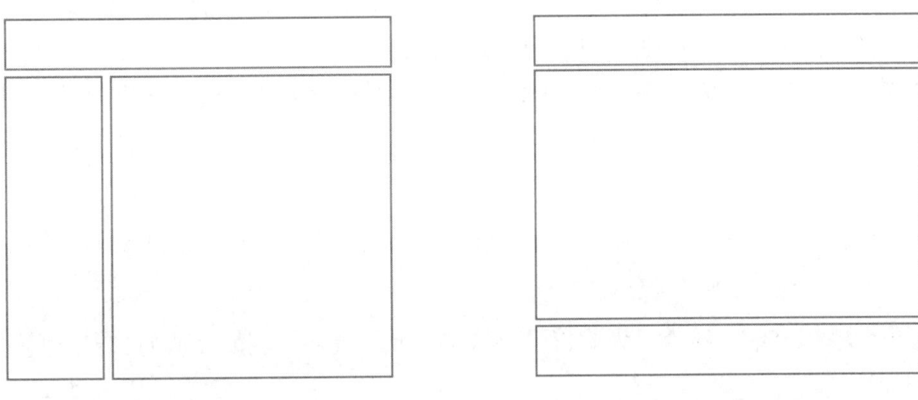

图 1–7 “T”型布局（左拐角形）

图 1–8 居中布局

四、网站的色彩应用

颜色是人们感知世界的重要途径之一，最容易打动人心。在网站设计过程中必须制定网页配色方案，以便进一步对页面色彩进行设计应用。要想设计出具有美感的网页，就需要掌握一定的色彩规律。通过对颜色的属性、色彩关系和色彩感情的正确理解，来进行颜色的选择和搭配。

1. 网页中的色彩模式及一般配色方法

在网页中使用的色彩模式是 RGB，即通过对红（Red）、绿（Green）、蓝（Blue）三个颜色通道的变化以及它们相互之间的叠加来得到各式各样的颜色。RGB 色彩模式几乎包括了人类视力所能感知的所有颜色，是目前运用最广的颜色系统之一。

在网页设计时，一般以某一色彩为主，配以类似或是对比的辅色，从而根据页面场景表现、情感传达等目的，有依据、有条理、有方法地构建色彩搭配方案。比如，红色是一种激奋的色彩，以红色为主色的配色能使人产生冲动、愤怒、热情、活力等感觉；

橙色是欢快活泼的色彩，以橙色为主色的配色具有轻快、欢欣、温馨、时尚的效果。类似的配色方案可以在色彩设计搭配手册中查询、借鉴。

2. 品牌色取色法

企业通常会有自己的品牌色，品牌色是品牌方最常使用的颜色。主色调的确定主要有两种途径：第一，根据品牌色确定主色调，如品牌标志；第二，根据产品的性质选取颜色，如健康食品类网站通常使用绿色，母婴用品类网站通常使用粉色等柔和色，金融支付类网站通常使用蓝色、红色和金色等。

确定主色调后，需要选择辅助色。选择辅助色主要有两种方法，一种是选择类似色，另一种是选择对比色或互补色。前者在设计中使用较为稳定，色彩搭配不易出错；后者如运用得当，可以增加视觉冲击力，但如运用不恰当，则会使产品产生廉价感。

五、电子商务网站视觉营销

视觉营销是一种重要的营销手段，主要是指应用色彩、文字、图像等视觉元素，构建具有冲击性的营销内容，调动用户的视觉感官体验，促使用户展开联想，进而对视觉营销内容所指的对象产生兴趣，进一步了解相关商品并最终购买，同时形成对品牌的认同。

电子商务网站一般难以让消费者亲自接触到实物，因此，视觉营销成为电子商务网站向消费者传达产品和服务信息的主要途径。如果电子商务网站能够从产品特点出发，实现有效的视觉营销，就能够显著增强消费者的购买欲望，进而提升自身经济效益。

1. 抓住产品这一视觉营销核心

视觉营销以产品为核心。为此，需要准备好产品资料，例如高清的、多角度的产品实物图片等。

2. 利用文案开展视觉营销

文案是对商品的文字描述，是电子商务网站向用户传达商品信息、吸引消费者作出购买行为的重要助力。利用文案开展视觉营销应做好以下几个方面工作。①尽量使用简单直接的文案。比如简洁有力的标题可以迅速引起消费者注意，取得理想的视觉营销效果。②向消费者传达品牌风格和特征，让消费者形成对于品牌良好而深刻的印象。③向消费者准确传达产品特征和功能，避免出现与产品实际情况不符的现象。

3. 利用色彩设计开展视觉营销

色彩具有十分强烈的视觉冲击力，是一种重要的视觉营销元素。不同的色彩能够引起人的不同情绪反应。合理应用色彩进行视觉营销，能够有效地提升视觉营销效果，实现高水平的视觉传达。

4. 利用字体设计开展视觉营销

字体是文字的外在表现形式，体现了文字的视觉特征。在进行视觉营销时，应力求实现字体之间的合理搭配，从而取得最佳的视觉营销效果。

5. 利用版式设计开展视觉营销

在版式设计当中，应根据不同的风格与定位，把商品图片、文案、促销信息、活动方式等内容清晰明了并合理地展示出来，搭配要合理，给人视觉统一、整体舒适的感受，切忌随意搭配或传达多种感受却忽略整体的统一性。

任务实施

1. 任选一个电子商务网站，在对其网站及主页进行赏析的基础上，填写表 1–3。

表 1–3　　网站页面分析

项目	内容
网站名称	
网址	
网站类型	
网站主页的框架结构	
网站主页的页面宽度	
网站主页的主色调	
网站主页的辅助色	
网站主页正文的字体、字号和颜色	
网站主页的基本元素	
* 该网站是否使用了动态网页技术	
* 该网站是否有专门针对移动端的设计	
访问该网站所使用浏览器的名称	
访问该网站所使用终端设备的屏幕分辨率	

说明：标有“*”号的为选填内容。

2. 请在京东、天猫或淘宝等电子商务网站中任选一个，分析其网站图片尺寸规格，填写表 1–4。

表 1–4　　电子商务网站图片尺寸规格

序号	项目	内容 / 尺寸规格（像素 × 像素）
1	电子商务网站名称	
2	网站主页轮播图片	
3	网站主页公告栏图片	
4	网站标志	
5	商品主图	

续表

序号	项目	内容 / 尺寸规格（像素 × 像素）
6	商品详情图	
7	其他	

思考拓展

1. 有的网站 URL 是 https 开头，有的网站 URL 是 http 开头，它们有什么不同，哪一种的安全性更高？

2. 为了提高电子商务网站的用户体验，你有哪些意见建议？

任务二　电子商务网站的建设规划

学习目标

知识目标

1. 熟悉电子商务网站开发的一般流程。
2. 熟悉电子商务网站需求分析的一般方法。
3. 熟悉电子商务网站策划书的内容框架。

技能目标

1. 能够在调研的基础上，编制企业电子商务网站策划书。
2. 能够参照典型电子商务网站的样例，绘制网站的总体结构图和线框图。

任务分析

网站设计开发人员在接到建设电子商务网站的任务后，首先要进行市场调研和客户访谈，通过与客户沟通和收集相关资料，了解客户意图，确定网站框架结构和页面内容，撰写网站策划书，再提交项目经理和客户审核。网站策划书要涵盖网站建设规划的各个方面，如电子商务网站的功能定位、内容策划及营销推广策划等，并绘制网站总体结构图和线框图等来展现电子商务网站原型设计。本任务重点学习电子商务网站建设规划的相关知识。

相关知识

一、电子商务网站开发流程

1. 电子商务网站的需求分析

满足用户需求是建立电子商务网站的最基本目的之一，也是网站建设规划的出发点。在设计初期，设计团队需要从客户的角度出发，进行充分的市场调研以及需求分析。需求分析可以从以下几个方面进行。

（1）收集行业信息

行业信息可以通过权威的调研机构获取，也可以从政府或行业协会等组织和机构获取。从这些信息中，可以了解该行业的发展状况、发展趋势，以及客户的需求。

（2）收集目标客户消费行为的信息

收集目标客户消费行为主要是为了更了解客户。可以通过购买渠道、购买时间、购买产品等维度了解。

（3）收集竞争对手的信息

电子商务网站要想做好，就必须做产品定位分析。要在确定好自身产品定位的基础上，再去分析竞争对手的产品定位，凸显优势。

（4）把握设计趋势

对电子商务网站来说，美观且应时的设计，有助于提升网站用户的使用体验。因此，在视觉设计中，我们还需要把握一些特定的设计趋势，如每一年度的流行色、流行设计风格，不同年龄、地区、性别的消费者喜好等。

（5）分析同行业网站

在电子商务网站的开发过程中，对同行业网站进行分析和借鉴也是必不可少的，可以重点分析同行业网站的内容结构、用户体验、页面设计等内容。

2. 电子商务网站的设计规划

在充分做好需求分析的基础上，需要对网站进行整体分析，明确网站的建设目标、访问对象，确定网站提供的内容与服务，设计网站的标志、风格以及网站的目录结构等各方面内容。在这个阶段，主要任务是撰写策划书。

电子商务网站策划书是电子商务网站设计规划的文字书，是实现目标的“指路灯”，类似于工程师经常使用的工程蓝图，一般包括网站名称、经营模式、主营商品、商品特点、顾客定位、价格定位、市场分析、竞争对手分析、风险预测、营销策略、运营管理、推广与宣传等。

3. 电子商务网站网页的制作

（1）静态网页制作

使用网站开发软件（如 Dreamweaver、Sublime Text、EditPlus 等）将文字和图片按设计版式完成静态网页的制作。网页制作的第一步就是进行结构布局，也就是确定网页的布局方法。在具体实施网页制作时，应按照“先大后小、先简单后复杂”的原则，先把大的结构设计好，然后再逐步完善小的结构；先设计出简单的内容，然后再设计复杂的内容，以便后续修改。

（2）网络数据库设计

一般动态网站都需要数据库支持，一个设计与构建良好的数据库，不仅能更方便地解决应用层面的问题，还可以防止突发安全事件，从而加快 Web 应用程序的开发速度，提高工作效率。

（3）Web 应用程序开发

在静态网页和网络数据库设计完成的基础上，可以进一步创建在服务器端运行的 Web 应用程序，完成动态网页的制作，实现如用户注册、用户登录、在线调查、用户管理、订单管理等功能。

4. 电子商务网站域名注册、上传与发布

域名由国际域名管理组织或国内的相关机构统一管理，国内很多网络业务提供商（如阿里云、腾讯云、百度智能云）都可以提供域名注册和网络服务器虚拟主机等服务。如不具备拥有独立网络服务器主机的条件，企业还可以向网络业务提供商申请网络服务器虚拟主机等服务（见图 1-9、图 1-10）。

网站制作完毕，要上传到网络服务器上。现在上传的工具有很多，有些网站制作软件（如 Dreamweaver）本身就带有 FTP 功能，可以很方便地把本地制作的网站上传到网络服务器上。

网站上传后，为了确保网站顺利运行，需要对网站进行全面测试，测试无误后再正式发布。

5. 电子商务网站的管理、维护与推广

电子商务网站的日常管理和维护主要包括安全管理、性能管理和内容管理三个方面。要想提高网站的影响力，吸引更多的访问者，提高网站转化率，就必须对网站进行必要的宣传推广。网站推广的方法有很多，如搜索引擎竞价排名、与合作网站交换链接等。

电子商务网站的开发是一个循序渐进的过程，它需要随着需求的变化对网站进行再次规划与设计，不断地建设和发布新的内容与服务，持续地做好维护与管理，以保证电子商务网站的正常运行。

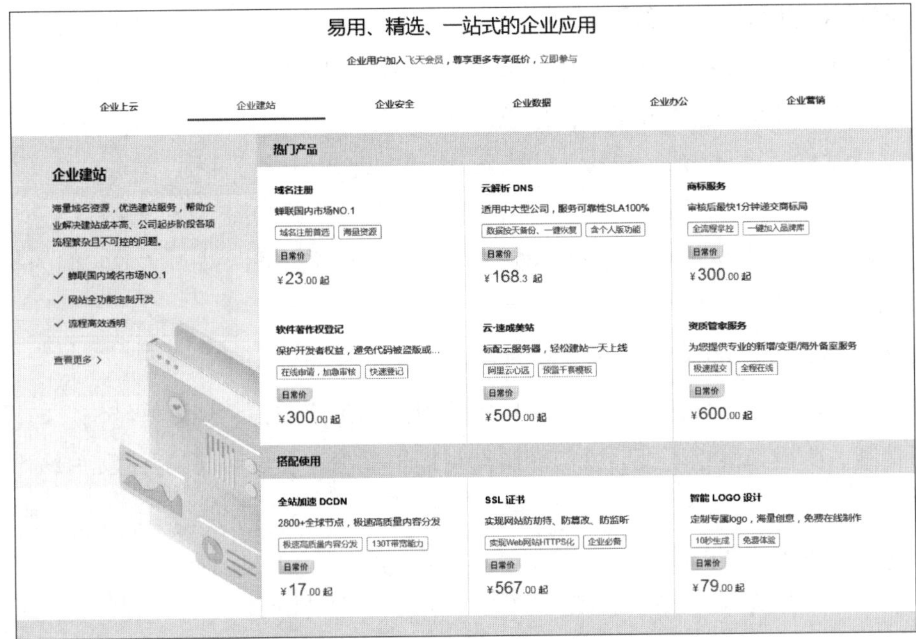

图 1–9　阿里云企业建站相关服务页面

学生优惠套餐
1.注册百度智能云 — 2.完成实名认证 — 3.完成学生认证(24岁及以下免学生认证) — 4.购买优惠套餐 活动规则
云服务器套餐 HOT
云数据库套餐 NEW
百度机器学习BML套餐 NEW
限量优惠
云服务器入门型（适用于轻量级个人网站及web应用）
指定云服务器套餐低至0.6折，每个用户限购1台
CPU内存 1核 2G
购买时长 1个月
带宽 1M
高性能云磁盘 40G
新用户专享 限购1台
活动价 9 元/1个月
103元/1个月
立即抢购
每日9点开抢，数量有限先到先得！
云服务器普及型（适用于中量级企业业务及数据处理）
指定云服务器套餐低至1折，每个用户限购1台
CPU内存 2核 4G
购买时长 1个月
带宽 1M
高性能云磁盘 40G
新用户专享 限购1台
活动价 18 元/1个月
199元/1个月
立即抢购
每日9点开抢，数量有限先到先得！

图 1–10　百度智能云启航校园计划页面

二、电子商务网站策划书的编制

电子商务网站策划书应该尽可能涵盖网站规划中的各个方面，编制要科学、认真、实事求是。下面重点介绍电子商务网站功能定位、内容策划和营销推广的编制要点。

1. 电子商务网站的功能定位

创建电子商务网站的关键是定位，要想使所建网站从成千上万的网站中脱颖而出，最主要的秘诀是独特的视角和准确的定位。

建站前首先要进行市场调研，了解目标客户的购买习惯、性别、年龄、文化程度、职业等；了解哪些商品是畅销的，哪些商品是滞销的，哪些商品是紧缺的；分析同类商品的市场规模和市场最大需求量；查询同行业的电子商务网站，了解它们的长处和短处。

2. 电子商务网站的内容策划

建设电子商务网站好比写书，首先应拟好提纲，确定主题，规划好结构。如果网站结构不清晰、内容杂乱，不仅会使访问者看得糊里糊涂，而且网站的升级和维护也会相当困难。

（1）网站的主题和名称

网站的主题就是这个网站所主要表现的内容，这是在设计制作网站前首先需要明确的。

网站名称是网站的灵魂，好的网站名称应能体现网站的主题和风格，并能给人留下深刻印象。

（2）网站的框架结构

规划网站内容时可以将信息归类分组，分别纳入不同层次的页面中。先把主要的内容放到主页上，其他内容依次安排在下级页面中。依据网站内容确定框架结构。定义网站框架结构的目的是便于有效地组织站点的页面链接，有利于后续网站的创建和维护。

（3）网页的版面风格

在设计网页版面时应该努力做到简洁、美观、主次分明、图文并茂。简洁是网页版面设计的重要原则。应避免版面过于花哨，因为访问者真正关心的是网页的内容。

网站的版面风格要统一，如网页版面主色调、字体风格等要一致。如果每个网页的风格都不一样，就会使整个网站显得凌乱、不协调。

（4）网站视觉营销

1）目的性。电子商务网站的视觉营销就是通过充分利用视觉冲击、吸引人的图片和简单新颖的文案等吸引目标客户、完成交易。

2）审美性。良好的网站视觉呈现效果，可以给客户舒服的视觉体验，进而让客户喜欢、信任网站并提升网站转化率。

3）实用性。实用性就是服务好客户，满足客户需求，从易操作性角度考虑，应利用文字或图片说明，让客户熟悉网站的操作功能和产品结构等。

3. 电子商务网站的营销推广

电子商务网站的营销推广主要以宣传企业或者产品为主要目的。电子商务网站以企业网站为宣传主体，旨在通过推广活动让更多人知晓网站地址，了解网站服务类型，以此提高网站的知名度，在保证老客户黏度的同时，培养新客户，以此为企业创造更多的发展商机。

任务实施

1. 请从你家乡的人文、历史、美食、特产、景点等方面选择一个主题，收集信息后编制一份网站策划书。

2. 网站总体结构图和线框图是网站设计规划的草图，是网站设计人员根据网页设计标准将客户需求图形化的一种展现形式，可以为网站策划书提供有力支撑。请参照图 1-11、图 1-12，绘制任务实施第 1 题所策划的网站的总体结构图和线框图。

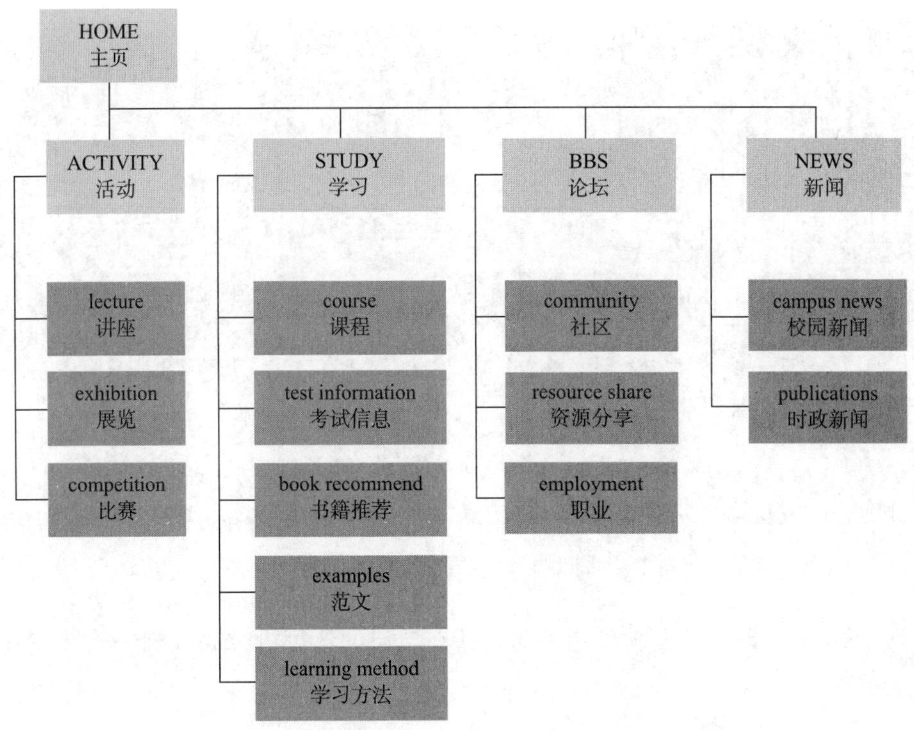

图 1-11　某大学生校园网站总体结构图样例

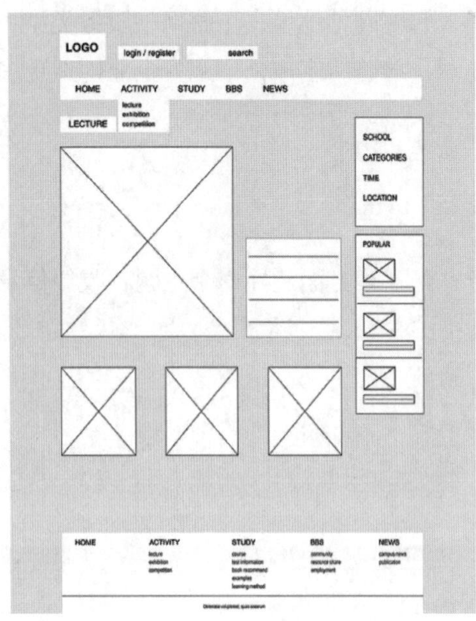

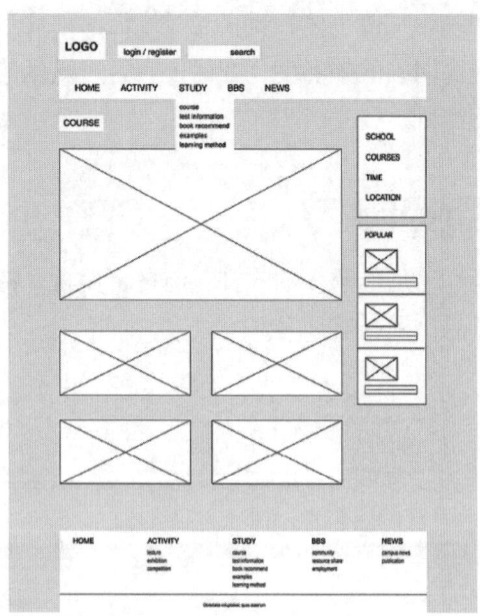

图 1–12　某大学生校园网站线框图样例

3. 请登录故宫博物院网站（见图 1–13），看看该网站有哪些栏目，尝试画出该网站的框架结构示意图。也可以选择你感兴趣的网站完成本任务。

图 1–13　故宫博物院网站

4. 你所知道的网站开发软件有哪些？请在自己的计算机中完成相关软件的安装和配置。

思考拓展

1. 将你喜欢的电子商务网站页面截图保存，并转化为线框图。

2. 摹客是一款优秀的国产原型设计工具软件。请尝试用摹客来完成页面设计。

项目二 HTML5 基础页面制作

项目引入

超文本标记语言（Hyper Text Markup Language，HTML）是制作网页的标准语言。自 1990 年推出以来，HTML 就一直被用作万维网的信息表示语言，在万维网的发展历程中起着关键性作用。它通过标签式的指令，将影像、声音、图片、文字、动画等内容组合在一起，并通过超链接方法将文字、图表与其他信息媒体相关联，最后借助浏览器显示其页面效果。

网页的本质就是使用超文本标记语言编写的一种文本文件，通过在该文本文件中添加标签，可以告诉浏览器如何显示其中的内容（如文字如何处理、画面如何安排、图片如何显示等），并通过超链接技术，与世界各地主机的文件进行链接。

HTML5 是 HTML 的修订版本，是网页开发标准的革命性成果，被认为是互联网的核心技术之一。HTML5 技术可应用于移动端网页、移动视频、在线直播等方面，并且能提升用户体验。

任务一 HTML5 基础知识

学习目标

知识目标

1. 了解 HTML5 的特性及优势。
2. 熟悉 HTML 文件的基本结构。

3. 熟悉 HTML5 元素和常用标签。

技能目标

1. 能够查看网页源代码，并能够根据 HTML5 元素和标签分析网页源代码的基本结构。
2. 能够使用 HTML5 制作简单的文本网页。

任务分析

在制作网页之前，设计人员首先需要掌握 HTML 的语法规则和编写规范，需要了解网页代码的整体框架结构，包括页面头部信息、页面整体属性设置等。本任务重点学习 HTML5 的特性和优势、HTML 文件基本结构、HTML5 元素和常用标签等相关知识。

相关知识

一、HTML5 概述

1. HTML5 简介

HTML 是用于描述网页文档的标记语言，HTML5 就是 HTML 的第 5 个版本（见图 2–1）。

图 2–1　HTML5 图标

HTML 的出现由来已久，1993 年 HTML 最初作为互联网工程工作小组工作草案发布，之后得到了快速发展，从 2.0 版、3.0 版、4.0 版，直至 2014 年 10 月，万维网联盟（World Wide Web Consortium，W3C）发布了 HTML5 的正式推荐标准，HTML5 逐步成为互联网标准，并广泛应用于互联网应用的开发。HTML5 对视频、音频、图片、动画以及与设备的交互等都提供了良好的支持，其强大的功能为网站开发提供了成熟的应用平台支撑。

2. HTML5 的特性和优势

HTML5 增加了很多非常实用的新功能和新特性。

（1）HTML5 的特性

1）语义特性。HTML5 赋予 Web 更好的语义特性和结构，体现在对资源描述框架、微数据与微格式等方面的支持，同时增添了许多新的结构元素。

2）本地存储特性。基于 HTML5 开发的应用程序具有更短的启动时间和更快的联网速度，这些全得益于 HTML5 的应用程序缓存以及本地存储功能。

3）设备兼容特性。HTML5 提供了前所未有的数据与应用接入开放接口，使外部应用可以直接与浏览器内部的数据相连。

4）连接特性。HTML5 提供更有效的连接工作效率，使得基于页面的实时聊天、更快速的网页游戏体验、更优化的在线交流得以实现。HTML5 拥有更有效的服务器推送技术，SSE（服务器发送事件）和 WebSockets（浏览器和服务器之间全双工通信协议）就是其中的两个特性，这两个特性能够帮助我们实现服务器将数据“推送”到客户端的功能。

5）网页多媒体特性。HTML5 支持网页端的音频、视频等多媒体功能。

6）三维、图形及特效特性。基于 SVG（可缩放矢量图形）、Canvas 画布、WebGL（Web 图形库）及 CSS3（层叠样式表版本 3）的 3D 功能，可以在浏览器中呈现非凡的视觉效果。

7）性能与集成特性。HTML5 可以帮助 Web 应用和网站在多样化的环境中更快速的工作。

（2）HTML5 的优势

1）强大的兼容性。得益于强大的兼容性，HTML5 不但适合用于网页开发，也适合用于手机应用软件开发，并得到了 Android（安卓）、iOS（苹果）移动操作系统的支持。

2）跨平台。在 HTML5 出现之前，由于平台的多样性，要针对不同的平台开发多套版本。而 HTML5 出现后，开发者只要使用一套程序，就能够很容易地实现多个平台的展现功能，降低了开发难度，节约了开发时间和成本。

3）即时更新。HTML5 支持实时更新，因此 HTML5 的应用可以绕开应用市场的限制，进行自主实时更新。

4）离线缓存功能。HTML5 通过 JavaScript 提供了数种不同的离线储存功能，相对于传统的 Cookie 有更好的弹性以及架构，可以储存更多的内容，并且拥有更好的安全和性能，即使浏览器关闭后也可以保存。

5）清晰的代码。HTML5 更加符合语义学的标签描述内容，可以使写出的代码更加清晰和易于理解。

3. HTML5 的开发工具及一般编写规范

（1）HTML5 的开发工具

HTML 文件也是一种文本文件，因此可以进行 HTML 开发的工具有很多。常用的 HTML5 开发工具有 Adobe Dreamweaver、EditPlus、Hbuilder 等。

1）Adobe Dreamweaver。Dreamweaver 是 Adobe 公司开发的集网页制作和管理网站于一身的所见即所得的网页代码编辑器，其拥有可视化编辑界面，支持代码、拆分、设计、实时视图等多种方式来创作、编写和修改网页。初学 HTML5 的人无须编写任何代码就能快速创建 Web 页面。

2）EditPlus。EditPlus 是一套功能强大、可取代 Windows 自带记事本的文字编辑器，拥有无限制的撤销与恢复、英文拼字检查、自动换行、列数标签、搜寻取代、同时编辑多文件、全屏幕浏览等功能。它是一款好用的 HTML5 编辑器，除了可以用颜色标签 HTML Tag（同时支持 C/C++、Perl、Java）外，还内置了完整的 HTML 和 CSS 指令功能，在 EditPlus 中设计网页和编辑文档没有区别。

3）Hbuilder。Hbuilde 是一款国产的支持 HTML5 的网页开发工具，提供完整的语法提示和代码输入法、代码块等功能，可以大幅提升 HTML、CSS 的开发效率，其软件体积小、启动快，并能提供全面的语法库和浏览器兼容性数据。

（2）HTML5 的一般编写规范

1）HTML5 文件拓展名默认使用 htm 或者 html，便于操作系统或者程序辨认。

2）HTML5 文件中标签用尖括号括起来，用斜杠表示该标签结束。大多数标签必须成对使用，用以说明起始和结束。

3）HTML5 文件默认忽视换行符，不过为了方便阅览，在实际编写代码时还是会写完一段按回车键换行。

4）HTML5 标签及代码部分必须使用半角字符而不是全角字符。

5）HTML5 注释的格式为“<!-- 注释内容 -->”，在“<!--”和“-->”之间的内容是注释，不会在浏览器中显示，注释的目的是使 HTML 文件更易读和方便理解。

二、HTML 文件基本结构

1. HTML 文件结构解析

使用 HTML 编写的文件俗称网页，它是由一系列标签组成的，每个标签具有不同的含义。通过 HTML 文件中 <html>、<head>、<body> 这三组标签，可大致将 HTML 文件分为几个部分，如图 2-2 所示。

（1）HTML 部分

HTML 部分以 <html> 标签开始，以 </html> 标签结束，其中还包括了 <head> 和 <body> 标签。HTML 文件中所有的内容都应该在 <html> 和 </html> 两个标签之间。

（2）头部

头部以 <head> 标签开始，以 </head> 标签结束，主要用来封装位于文件头部的标签，例如 <title>、<meta>、<link> 及 <style> 等，用来描述文档的标题、作者以及和其他文档的关系等。一个 HTML 文档只能含有一对 <head> 标签，绝大多数文档头部包含的数据都不会在页面中显示。

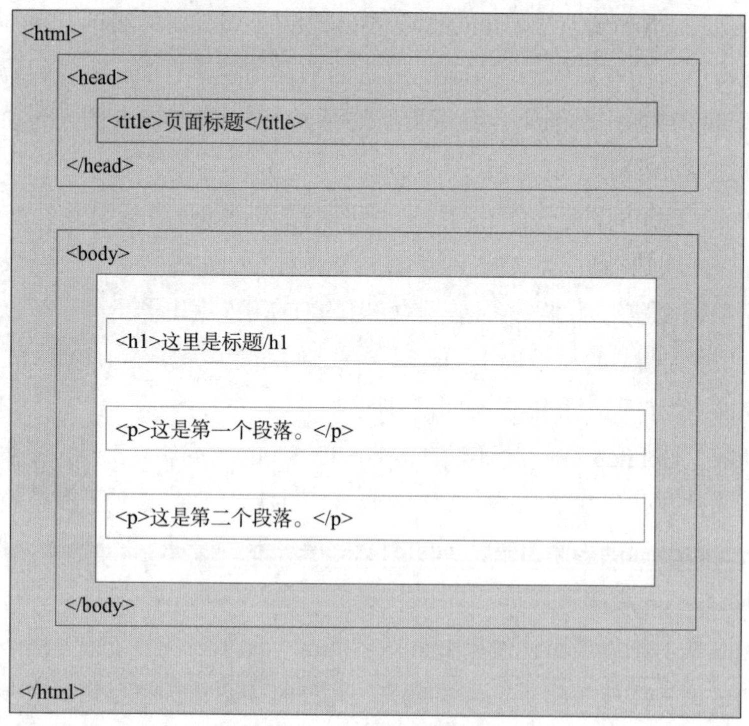

图 2–2　HTML 文件结构

（3）主体部分

主体部分以 <body> 标签开始，以 </body> 标签结束，用于定义 HTML 文件所要显示的内容。浏览器中显示的所有文本、图像、音频和视频等信息都必须位于 <body> 标签确定的主体部分内，<body> 标签中的信息才是最终显示给用户看的。一个 HTML 文件只能含有一对 <body> 标签，且 <body> 标签必须在 <html> 标签内，位于 <head> 标签之后，与 <head> 标签是并列关系。

2. HTML 文件类型声明和字符编码

（1）HTML 文件类型声明

HTML 文件类型声明是 HTML 文件中必不可少的，该声明必须位于 HTML 文档的第一行，位于 <html> 标签之前，用来声明此 HTML 文件的 HTML 版本格式规则。

HTML5 声明方法：<!DOCTYPE html>

使用 <!DOCTYPE html> 声明，明确告知浏览器应使用 HTML5 规则解析网页，默认浏览器将使用标准模式显示该页面。当 DOCTYPE 声明缺失或者格式不正确时，浏览器会以兼容模式呈现页面。

（2）字符编码

网页出现乱码往往是因为编码方式出现了问题，因此，在 HTML 文件中经常会指定字符编码方式。常见的编码方式有 Unicode、ASCII、GBK、GB2312、GB18030、UTF–8 等。其中，GBK 和 GB2312 表示简体中文；GB18030 表示繁体中文；而 UTF–8

包含了所有字符，是使用最广的一种编码方式。

从 HTML5 开始，推荐使用 UTF-8 作为文档字符编码方式。在 HTML5 中，可以使用 <meta> 元素直接追加 charset 属性的方式来指定字符编码，如下所示。

```
<meta charset="UTF-8">
```

图 2-2 补充 HTML 文档类型声明和指定字符编码后，页面效果如图 2-3 所示，其代码可参考程序清单 2-1。

图 2-3　HTML 文件结构页面效果

程序清单 2-1　HTML 文件结构代码样例

```
<!DOCTYPE html>
<html>
  <head>
    <meta charset="UTF-8">
    <title>Document</title>
  </head>
  <body>
    <h1> 这里是标题 </h1>
    <p> 这是第一个段落。</p>
    <p> 这是第二个段落。</p>
  </body>
</html>
```

三、HTML5 元素和常用标签

1. HTML5 元素

HTML 文件是由各种 HTML 元素组成的，HTML 元素指的就是从开始标签到结束标签之间的所有代码，如图 2–4 所示。

开始标签	元素内容	结束标签
<p>	这是第一个段落。	</p>

图 2–4　HTML 文件元素

根据现有的标准规范，把 HTML5 元素按优先等级定义为结构性元素、块级性元素、行内语义性元素和交互性元素四大类。

（1）结构性元素

结构性元素主要负责 Web 页面上下文结构的定义，确保 HTML 文件的完整性。常见的结构性元素如下。

section：用于区域的章节表述。

header：定义页面的头部（页眉）。

footer：定义页面的底部（页脚）。

nav：专门用于菜单导航、链接导航部分。

article：用于表示一个独立的、完整的相关内容块。

（2）块级性元素

块级性元素主要完成 Web 页面区域的划分，确保内容的有效分隔。常见的块级性元素如下。

aside：用于设置注记、贴士、侧边栏、摘要、插入等，作为主要内容的附属信息。

figure：用于对多个元素进行组合并展示，通常与 figcaption 联合使用。

code：表示一段代码块。

dialog：用于表达人与人之间的对话，该元素还包括 dt 和 dd 这两个组合元素，常常同时使用。dt 用于表示说话者，而 dd 用来表示说话者说的内容。

（3）行内语义性元素

行内语义性元素主要完成 Web 页面具体内容的引用和表述，是丰富内容展示的基础。常见的行内语义性元素如下。

meter：表示特定范围内的数值，可用于工资、数量、百分比等。

time：表示时间值。

progress：表示进度条，可通过对其 max、min、step 等属性进行控制，完成对进度的标示和检视。

video：视频元素，用于支持和实现视频（含视频流）文件的直接播放，支持缓冲预载和多种视频媒体格式。

audio：音频元素，用于支持和实现音频（含音频流）文件的直接播放，支持缓冲预载和多种音频媒体格式。

（4）交互性元素

交互性元素主要用于功能性的内容表达，会有一定的内容和数据的关联，是各种事件的基础。常见的交互性元素如下。

details：用来表示一段具体的内容，但是内容默认不显示，通过某种手段（如单击）与 <legend> 标签交互才会显示出来。

datagrid：用来控制客户端数据与显示，可以由动态脚本即时更新。

menu：主要用于交互菜单。

command：用来处理命令按钮。

除了 HTML 文件的 <html> 元素外，其他的 HTML 元素都是被嵌套在另一个元素之内的。在程序清单 2-1 的 HTML 文件中，<html> 是最外层元素，也称为根元素。<head> 元素、<body> 元素是嵌套在 <html> 元素内的。<body> 元素内又嵌套了 <h1> 元素和 <p> 元素。HTML 中的元素可以多级嵌套，但是不能互相交叉。在编写 HTML 文件时，建议先写外层的一对标签，然后逐渐往里写，这样既不容易忘记写 HTML 元素的结束标签，也可以减少 HTML 元素的嵌套错误。

2. HTML5 常用标签及相关属性

（1）HTML5 常用标签

HTML5 常用标签及其用法见表 2-1。

表 2-1　　HTML5 常用标签及其用法

类别	标签	作用	用法实例
<head> 标签内常用标签	meta	为网页定义相关元数据信息	<meta name="keywords" content="HTML，ASP，PHP，JSP">，本例定义网页的关键词为“HTML，ASP，PHP，JSP”
	title	定义文件的标题	<title> 这是我的电子商务网站 </title>，本例定义网页的标题为“这是我的电子商务网站”
	link	定义文件与外部资源的关系，常用于链接样式表	<link rel="stylesheet" type="text/css" href="theme.css"/>，本例定义该网页的外部 CSS 文件为 "theme.css"
	style	定义文件的样式信息	<style type="text/css"> h1 {color：red} p {color：blue} </style> 本例定义该文档 h1 级标题为红色，段落文本为蓝色

续表

类别	标签	作用	用法实例
<body>标签内基本常用标签	header	定义文件的页眉	<header> <h1>Welcome to my online shop</h1> <p>My name is zhang san</p> </header>
	nav	定义导航链接	<nav> <a href="index.htm"> 主页 </a> <a href="hot_sale.htm"> 热销产品 </a> <a href="customer_service.htm"> 客户服务 </a> </nav>
	article	定义一篇文章	<article> <h1>2008 年北京奥运会 </h1> <p> 第 29 届夏季奥林匹克运动会，又称 2008 年北京奥运会，于 2008 年 8 月 8 日晚上 8 时整在中国首都北京开幕……</p> </article>
	aside	定义页面的侧边栏	<aside> <h2>2008 年北京奥运会小知识 </h2> <ul> <li>2008 年北京奥运会口号 </li> <li>2008 年北京奥运会吉祥物 </li> <li>2008 年北京奥运会金牌榜 </li> </ul> </aside>
	section	定义文件中的章节	略，可参考 article、aside 等相关标签
	footer	定义文件的页脚	<footer> <p> 版权所有！ </p> <p> 电子邮件：<a href="mailto：xxx@xxx.xxx"> xxx@xxx.xxx </a></p> </footer>
	h1-h6	标题标签，h1 最大、h6 最小	<h1> 这是 1 级标题 </h1>
	br	插入一个换行符	<h2> 登鹳雀楼 </h2> <p> 白日依山尽 黄河入海流 欲穷千里目 更上一层楼 </p>
	p	定义一个段落	参见上例， 标签只是简单地开始新的一行，而 <p> 标签通常会在相邻的段落之间再插入一些垂直的间距
	a	定义超链接	<a href="http://www.mohrss.gov.cn/"> 中华人民共和国人力资源和社会保障部 </a>，本例定义指向人力资源和社会保障部官网的文字链接

续表

类别	标签	作用	用法实例
<body>标签内基本常用标签	font	定义文本的字体、字体大小、字体颜色	<font size="3" face="Arial" color="red">This is some text!</font>，本例定义了文本的字体、字体大小和字体颜色
	img	向网页中嵌入一幅图	<img src="/img/product.jpg" alt=" 产 品 样 图 " />，本例定义在网页中嵌入 img 文件夹下的产品样图 product.jpg
<body>标签内容器相关标签	div	用于定义组合块级性元素，以便通过样式表来对这些元素进行格式化	<div class="hotsale"> <h3> 这里是特价区 </h3> <p> 天天特价，优享品质，惊喜特价，商品齐全！ </p> </div> 本例定义了一个 div 区块，并为该区块应用“hotsale”样式
	span	用于对文件的行内元素进行细分组合	<p> 所 有 商 品，<span style="font-size：16 px；color：#FF0000"> 一律五折 </span>，机会难得，欲购从速！ </p> 本例定义了一个 span 区块，并设置该区块文字为 16 像素、红色
<body>标签内列表相关标签	<ul>	定义无序列表	<ul> <li> 龙井 </li> <li> 碧螺春 </li> </ul>
	<ol>	有序列表	<ol> <li> 第一天行程 </li> <li> 第二天行程 </li> </ol>
	<li>	列表项目	略，参见上例
<body>标签内表格相关标签	table	表格的顶级层标签，代表一个表格	<table border="1"> <tr> <th> 月份 </th> <th> 销售额 </th> <th> 利润 </th> </tr> <tr> <td> 一月 </td> <td>8000 元 </td> <td>1500 元 </td> </tr> </table> 本例定义了一个 2 行 3 列的表格，并设置了表头和内容
	th	表格的表头	
	tr	表格的行	
	td	用在 tr 的下级，一个 td 代表一栏	

续表

<table>
<tr><th>类别</th><th>标签</th><th>作用</th><th>用法实例</th></tr>
<tr><td rowspan="5"><body>标签内表单相关标签</td><td>form</td><td>用于创建供用户输入信息的网页表单</td><td rowspan="5"><form method="post" action="URL">
<label> 用户：
<input type="text" placeholder=" 请输入用户名 " name="username" required/>
</label>

<label> 密 码：
<input type="password" placeholder=" 请输入密码 " name="pwd" required/>
</label>

<label> 性 别：
男士<input type="radio" name="sex" value="man" checked>
女士 <input type="radio" name="sex" value="woman">
</label>

<select name="occupation">
<option value="student"> 在校学生 </option>
<option value="engineer"> 工程师 </option>

<input type="submit" value=" 注册 ">
<input type="reset" value=" 重置 ">
</form>
本例定义了一个简单的注册表单</td></tr>
<tr><td>input</td><td>定义用户可输入数据的字段</td></tr>
<tr><td>select</td><td>定义下拉框</td></tr>
<tr><td>option</td><td>定义下拉列表项</td></tr>
<tr><td>textarea</td><td>文本域</td></tr>
</table>

（2）HTML5 标签的常用属性

HTML 标签的属性提供了对标签的描述和控制信息，借助于标签属性，HTML 网页才会展现丰富多彩且格式美观的内容。

属性总是以名称 / 值对的形式出现，比如：<table width="960">，就为表格标签 <table> 设置了宽度为 960 像素。HTML5 标签常用属性见表 2–2。

表 2–2　HTML5 标签常用属性

<table>
<tr><th>类别</th><th>属性</th><th>描述</th><th>取值</th></tr>
<tr><td rowspan="4">标准属性</td><td>class</td><td>为 HTML 元素定义一个或多个类名</td><td>classname</td></tr>
<tr><td>id</td><td>定义元素的唯一名称</td><td>id</td></tr>
<tr><td>style</td><td>规定元素的行内样式</td><td>style_definition</td></tr>
<tr><td>title</td><td>描述元素的额外信息</td><td>text</td></tr>
</table>

续表

类别	属性	描述	取值
链接相关属性	href	规定链接指向的页面地址	URL
	target	规定在何处打开链接文件	_blank _parent _self _top framename
	media	规定链接文件是被何种媒介或设备优化	media_query
文本相关属性	color	规定文本字体颜色	rgb（x，x，x） #xxxxxx colorname
	face	规定文本字体	font_family
	size	规定文本字体大小	number
	text-decoration	规定文本的上划线 / 下划线修饰	undecided none overline
表格相关属性	align	规定表格相对周围元素的对齐方式	left center right
	bgcolor	规定表格背景颜色	rgb（x，x，x） #xxxxxx colorname
	border	规定表格边框宽度	pixels
	cellpadding	规定单元边沿与其内容之间的空白	pixels %
	cellspacing	规定单元格之间的空白	pixels %
	width	规定表格的宽度	pixels %
	height	规定表格的高度	pixels %
图像相关属性	alt	规定图像的替代文本	text
	src	规定显示图像的地址	URL
	align	规定如何根据周围的文本来排列图像	top bottom middle left right
	border	规定图像周围边框	pixels

续表

类别	属性	描述	取值
图像相关属性	height	规定图像的高度	pixels %
	width	规定图像的宽度	pixels %

任务实施

1. 不同的浏览器查看网页源代码的方法略有不同，请查看搜狗搜索、360 搜索、百度等站点主页的源代码，尝试整理出它们页面代码的基本结构。

操作提示：

（1）若仅查看源代码，可在用浏览器打开网站后按计算机键盘上的 Ctrl+U。

（2）或者右键单击网页的空白部分，然后从弹出菜单中选择“查看页面源代码”。

（3）如果使用 Google Chrome 浏览器，还可以按计算机键盘上的 Ctrl+Shift+I，调出开发者工具，查看网页源代码。

2. 请制作如图 2–5 所示的店铺介绍页面，并以 introduction.html 为文件名保存到以店铺命名的站点文件夹中。

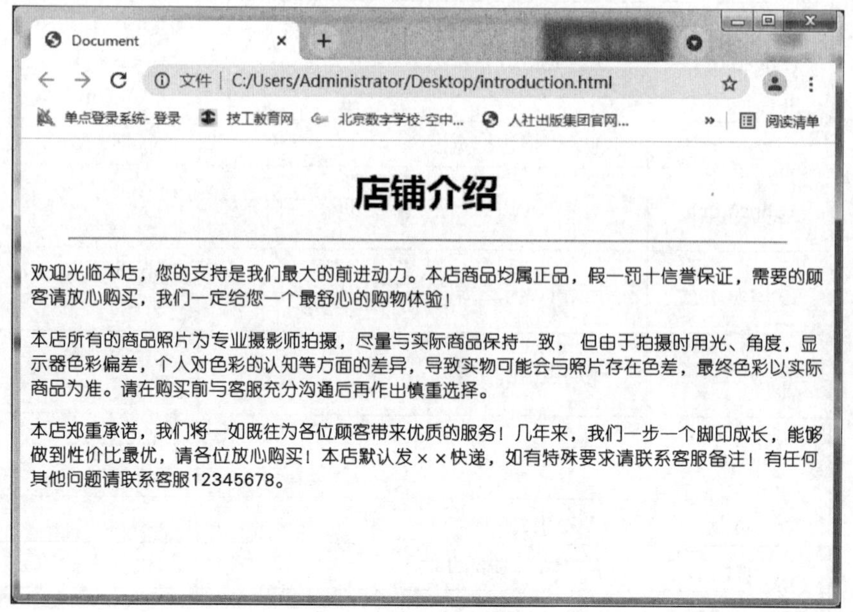

图 2–5　店铺介绍页面

操作提示：

（1）选择安装合适的 HTML 开发工具。

（2）创建站点文件夹。

（3）创建文件 introduction.html。

（4）其代码可参考程序清单 2-2。

程序清单 2-2　店铺介绍页面代码样例

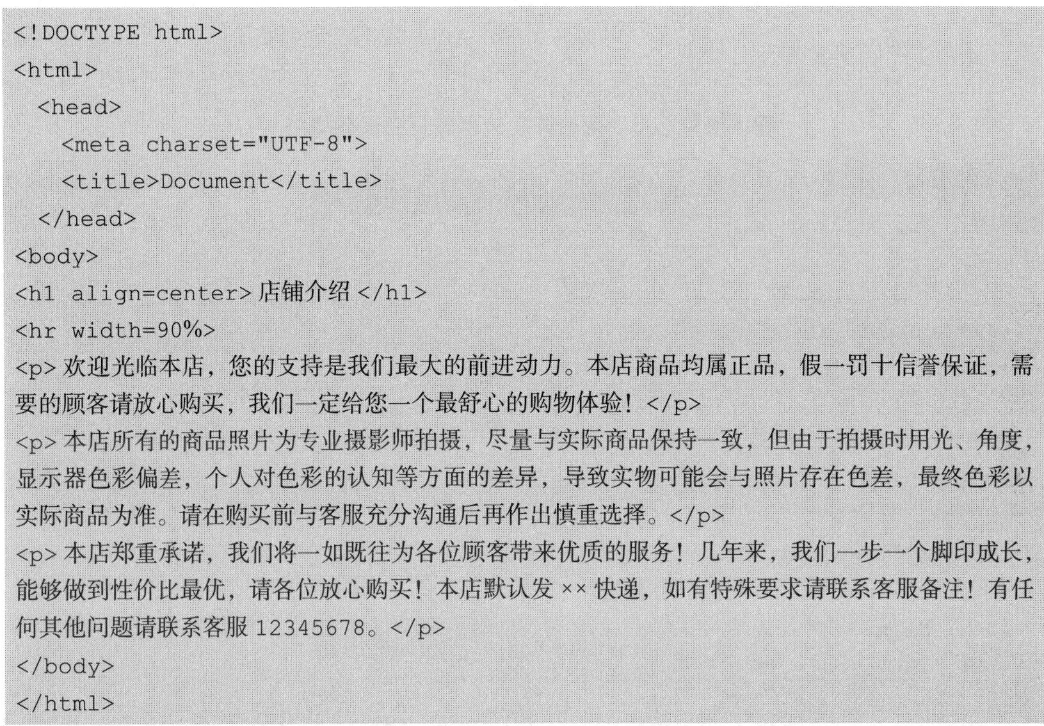

```
<!DOCTYPE html>
<html>
  <head>
    <meta charset="UTF-8">
    <title>Document</title>
  </head>
<body>
<h1 align=center>店铺介绍</h1>
<hr width=90%>
<p>欢迎光临本店，您的支持是我们最大的前进动力。本店商品均属正品，假一罚十信誉保证，需要的顾客请放心购买，我们一定给您一个最舒心的购物体验！</p>
<p>本店所有的商品照片为专业摄影师拍摄，尽量与实际商品保持一致，但由于拍摄时用光、角度，显示器色彩偏差，个人对色彩的认知等方面的差异，导致实物可能会与照片存在色差，最终色彩以实际商品为准。请在购买前与客服充分沟通后再作出慎重选择。</p>
<p>本店郑重承诺，我们将一如既往为各位顾客带来优质的服务！几年来，我们一步一个脚印成长，能够做到性价比最优，请各位放心购买！本店默认发××快递，如有特殊要求请联系客服备注！有任何其他问题请联系客服12345678。</p>
</body>
</html>
```

3. 请制作如图 2-6 所示的网站开发价目表页面，并以 pricelist.html 为文件名保存到以店铺命名的站点文件夹中。

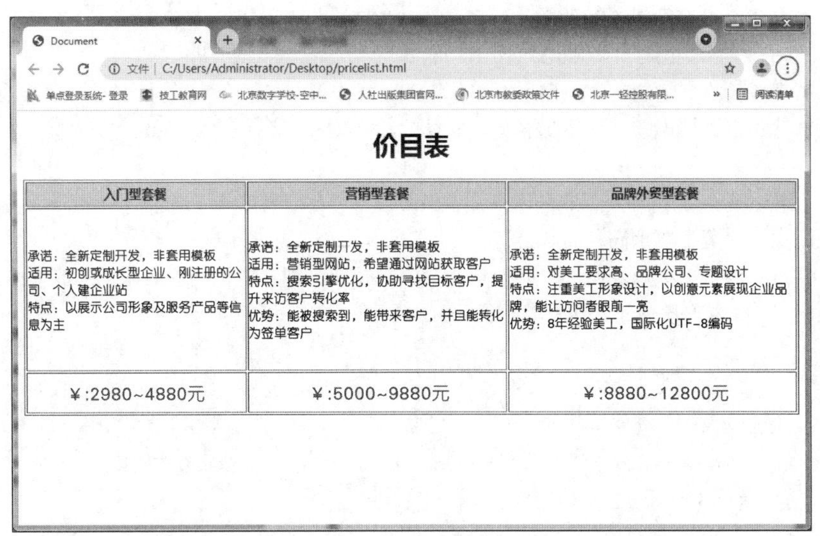

图 2-6　网站开发价目表页面

操作提示：

（1）选择安装合适的 HTML 开发工具。

（2）创建站点文件夹。

（3）创建文件 pricelist.html。

（4）其代码可参考程序清单 2-3。

程序清单 2-3 网站开发价目表页面代码样例

```
<!DOCTYPE html>
<html>
<head>
  <meta charset="UTF-8">
  <title>Document</title>
</head>
<body>
<h1 align=center>价目表</h1>
<table border="1">
  <tr height=30>
    <th bgcolor=#dddddd>入门型套餐</th>
    <th bgcolor=#dddddd>营销型套餐</th>
    <th bgcolor=#dddddd>品牌外贸型套餐</th>
  </tr>
  <tr height=200>
    <td>承诺：全新定制开发，非套用模板<br>
         适用：初创或成长型企业、刚注册的公司、个人建企业站<br>
         特点：以展示公司形象及服务产品等信息为主<br>
    </td>
    <td>承诺：全新定制开发，非套用模板<br>
         适用：营销型网站，希望通过网站获取客户<br>
         特点：搜索引擎优化，协助寻找目标客户，提升来访客户转化率<br>
         优势：能被搜索到，能带来客户，并且能转化为签单客户<br>
    </td>
    <td>承诺：全新定制开发，非套用模板<br>
         适用：对美工要求高、品牌公司、专题设计<br>
         特点：注重美工形象设计，以创意元素展现企业品牌，能让访问者眼前一亮<br>
         优势：8 年经验美工，国际化 UTF-8 编码<br>
    </td>
  </tr>
    <tr height=50>
      <td align=center><font color=red size="5">￥:2980～4880 元</font>
</td>
      <td align=center><font color=red size="5">￥:5000～9880 元</font>
</td>
```

```
        <td align=center><font color=red size="5">￥:8880～12800元</
font></td>
  </tr>
</table>
</body>
</html>
```

思考拓展

1. 如果用网页开发工具“记事本”完成任务实施中的第 2 题或第 3 题，保存时采用与代码中指定的编码（<meta charset="UTF-8">）不同的编码格式，如图 2-7 所示，请思考会发生什么情况，并解释原因。

图 2-7　采用不同编码格式保存

2. 请根据下述材料中网站设计开发中前端和后端的区别，说说你的爱好和选择。

材料：网站设计开发前端，也称为客户端开发，简单来说，主要是创建网页或是应用程序的前端页面，呈现给用户。

网站设计开发后端，也称为服务器端开发，也就是不涉及编写生成用户界面代码的开发工作。同时掌握前端和后端开发技能的人员，被称为全栈开发工程师。网站设计开发前端和后端的区别见表 2-3。

表 2–3　　网站设计开发前端和后端的区别

	前端	后端
专业知识	需要精通 HTML、CSS 和 JavaScript	应该拥有数据库、服务器、API 等方面的技能
编程语言	HTML、CSS、JavaScript	PHP、Python、SQL、Java、Ruby、.NET、Perl
职位描述	设计网站的外观，并通过测试不断修改	开发软件，并构建支持前端的数据库架构
角色职责	确保在各种浏览器中网站的可见性保持不变	通过网站或应用了解客户的目标，并提供有效的开发解决方案
	能构建视觉上吸引人的网站或应用程序，并吸引用户进行交互	安全地存储数据并确保在请求时向该用户显示数据
	了解跨浏览器测试	开发支付处理系统、安全存储支付信息并支付费用
	熟练使用 HTML5 和 Dreamweaver 等工具	管理和构建（如有必要）跨设备工作的 API 资源
	能够进行搜索引擎优化	构建系统架构，进行数据科学分析

任务二　HTML5 多媒体元素的使用

学习目标

知识目标

1. 熟悉 HTML5 图像 <img> 标签及属性的设置方法。
2. 熟悉 HTML5 音频 <audio> 标签及属性的设置方法。
3. 熟悉 HTML5 视频 <video> 标签及属性的设置方法。

技能目标

1. 能够根据需要为网页添加图片，并进行相关布局设置。
2. 能够根据需要为网页添加音频，并进行相关播放控制设置。
3. 能够根据需要为网页添加视频，并进行相关播放控制设置。

任务分析

在网页中添加图片、音频、视频等多媒体元素，可以丰富网页内容，增强用户体验。但在 HTML5 出现之前，要在网络上展示视频、音频、动画，必须依赖第三方插件才能使用，而且有时运行速度很慢，HTML5 区别于之前版本的很大一点是其原生支持多媒体。在 HTML5 中，提供了音频、视频的标准接口，通过相关技术，播放视频、动画、音频等再也不需要安装插件。本任务重点学习多媒体元素添加方法以及相关属性设置。

相关知识

一、HTML5 图像标签及属性的设置

万维网与其他类型网络最大的不同在于它在网页上可以呈现丰富的色彩及图像。用户可以在网页中放入企业的标志，还可以把图像作为按钮来链接到另一个网页，使网页更加丰富多彩。

1. 图像 <img> 标签的语法格式

<img> 标签定义 HTML 页面中的图像。<img> 标签中的 img 是英文 image 的缩写，其作用是为被引用的图像创建占位符。从技术上讲，图像并不是插入 HTML 页面中，而是链接到 HTML 页面上。该标签的语法格式如下。

```
<img src= URL alt=" 无法显示图像时的替代文本 "/>
```

格式说明：<img> 用于显示图像，“src” 属性指定图像的路径，“alt” 属性指定在图像无法正常加载时所显示的替代文本。

2. 图像 <img> 标签的常用属性

<img> 标签有两个必需的属性：src 和 alt。HTML5 中 <img> 标签常用属性见表 2–4。

表 2–4　　<img> 标签的常用属性

属性	描述	取值
src	指定图像路径	URL
alt	指定图像的替代文本	text
height	规定图像的高度	pixels
width	规定图像的宽度	pixels
usemap	定义为客户端图像映射	#mapname

例如，为《清平调·云想衣裳花想容》诗歌页面添加一张牡丹花的图片（图片保存于该网页文件目录下的 img 文件夹下，文件名为 flower.jpg），并设置该图片宽度为 400 像素、高度为 300 像素，页面显示效果如图 2–8 所示。该页面代码可参考程序清单 2–4。

图 2-8　《清平调 · 云想衣裳花想容》页面显示效果

程序清单 2-4　《清平调 · 云想衣裳花想容》页面代码样例

```
<!DOCTYPE html>
<html>
<head>
  <meta charset="UTF-8">
  <title> 清平调·云想衣裳花想容 </title>
</head>
<body>
  <img src="img/flower.jpg" height=300 width=400 alt=" 一朵红牡丹 "/>
  <p> 云想衣裳花想容，春风拂槛露华浓。<br> 若非群玉山头见，会向瑶台月下逢。
  </p>
</body>
</html>
```

3. 文件路径及其用法

通过前面的学习可以得知，想要显示一张图片，就必须设置该图片的路径。在 HTML 中，路径分为绝对路径和相对路径两种。

（1）绝对路径

绝对路径是指网页上的文件存放在硬盘中的真正路径。例如“bg.jpg”这个图片是存放在硬盘中“E:\book\ 网页制作 \ 代码 \ 第 2 章”目录下，那么“bg.jpg ”这个图片的绝对路径就是“E:\book\ 网页制作 \ 代码 \ 第 2 章 \ bg.jpg”，引用图片的语句如下。

```
<body background="E:\book\ 网页制作 \ 代码 \ 第 2 章 \bg.jpg">
```

在网站开发中很少会使用绝对路径。仍以上例说明，如果使用“E:\book\ 网页制作 \ 代码 \ 第 2 章 \bg.jpg”来指定背景图片的位置，在自己的计算机上浏览可能会一切正常，但是上传到 Web 服务器上浏览就很有可能不会显示图片了。因为上传到 Web 服务器上时，可能整个网站文件并没有放在 Web 服务器的 E 盘，而是放在 D 盘或 H 盘。即使放在 Web 服务器的 E 盘里，也不一定存在“E:\book\ 网页制作 \ 代码 \ 第 2 章”这个目录下。

（2）相对路径

所以，为了避免上述情况发生，通常在网页里指定文件位置时，都会选择使用相对路径。所谓相对路径，就是由这个文件所在的路径引起的与其他文件或文件夹的路径关系。

相对路径有以下三种写法。

1）同目录文件引用。例如，“s1.htm”文件里引用了“bg.jpg”图片，由于“bg.jpg”图片相对于“s1.htm”来说，是在同一个目录里，则引用图片的语句如下。

```
<body background="bg.jpg">
```

只要这两个文件的相对位置没有变（还是在同一个目录内），那么无论上传到 Web 服务器的哪个位置，在浏览器中都能正确显示图片。

2）下级目录引用。例如，“s1.htm”文件所在目录为“E:\book\ 网页制作 \ 代码 \ 第 2 章”，而“bg.jpg”图片所在目录为“E:\book\ 网页制作 \ 代码 \ 第 2 章 \img”，那么“bg.jpg”图片相对于“s1.htm”文件来说，是在其所在目录的“img”子目录里，则引用图片的语句如下。

```
<body background="img/bg.jpg">
```

注意：相对路径使用“/”字符作为目录的分隔符，而绝对路径可以使用“\”或“/”字符作为目录的分隔符。由于“img”是“第 2 章”的子目录，因此在“img”前不用再加“/”字符。

在相对路径里常使用“../”来表示上一级目录。如果有多个上一级目录，可以使用多个“../”，“../../”代表上上级目录。假设“s1.htm”文件所在目录为“E:\book\ 网页制作 \ 代码 \ 第 2 章”，而“bg.jpg”图片所在目录为“E:\book\ 网页制作 \ 代码”，那么“bg.jpg”图片相对于“s1.htm”文件来说，是在其所在目录的上级目录里，则引用图片的语句如下。

```
<body background="../bg.jpg">
```

3）上级目录引用。例如，“s1.htm”文件所在目录为“E:\book\ 网页制作 \ 代码 \ 第

2 章”，而“bg.jpg”图片所在目录为“E:\book\ 网页制作 \ 代码 \img”，那么“bg.jpg”图片相对于“s1.htm”文件来说，是在其所在目录的上级目录“img”里，则引用图片的语句如下。

```
<body background="../img/bg.jpg">
```

二、HTML5 音频标签及属性的设置

在 HTML5 出现前，想在网页上播放音频和视频需要安装第三方插件。但 HTML5 实现了直接在网页中嵌入音频和视频的功能，只需要使用 <audio> 和 <video> 标签就可以实现，极大地减小了对外部插件的需求，代码的编写也非常容易。下面，首先介绍 <audio> 标签的使用方法。

1. 音频 <audio> 标签的语法格式

<audio> 标签主要是定义播放声音文件或者音频流的标准。<audio> 标签支持 3 种音频格式，分别为 MP3、WAV 和 OGG。该标签的语法格式如下。

```
<audio src=URL controls autoplay>
  你的浏览器不支持音频标签
</audio>
```

格式说明：<audio> 用于嵌入音频内容，“src”属性定义音频文件的来源，“controls”属性定义播放时是否显示控制条，“autoplay”属性定义音频是否自动播放。当浏览器不能正确解析 <audio> 标签时，将显示“你的浏览器不支持音频标签”。

2. 音频 <audio> 标签的常用属性

<audio> 标签的常用属性见表 2–5。

表 2–5　<audio> 标签的常用属性

属性	描述	取值
autoplay	页面加载后自动播放	autoplay
controls	显示控件，如播放按钮	controls
loop	循环播放	loop
muted	静音	muted
preload	自动加载，如果定义过“autoplay”属性就不必再设置 preload 属性	auto meta none
src	指定音频文件地址	URL

例如，为《我们的征程是星辰大海》文章页面添加音频（音频文件保存于该网页文件目录下的 music 文件夹下，文件名为 xingchen.mp3），为该音频文件添加播放按钮，页面显示效果如图 2–9 所示。该页面代码可参考程序清单 2–5。

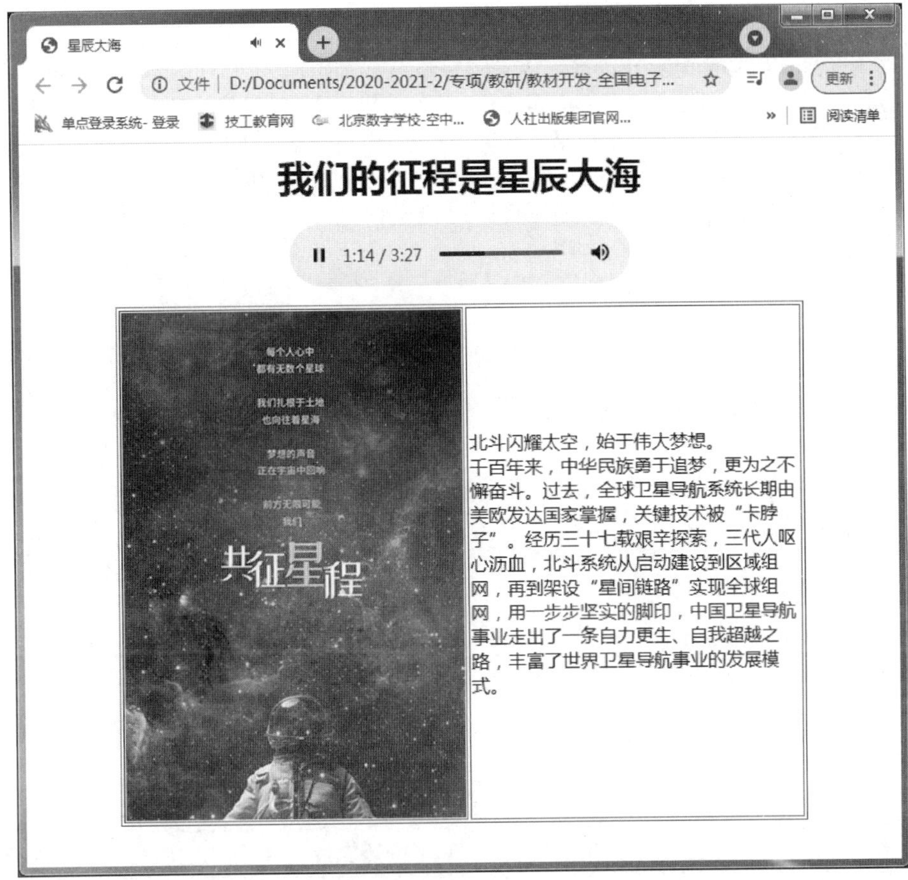

图 2–9 《我们的征程是星辰大海》页面显示效果

程序清单 2–5 《我们的征程是星辰大海》页面代码样例

```
<!DOCTYPE html>
<html>
<head>
  <meta charset="UTF-8">
  <title> 星辰大海 </title>
</head>
<body>
<h1 align=center> 我们的征程是星辰大海 </h1>
<p align=center>
  <audio src="music/xingchen.mp3" controls="controls">
    Your browser does not support the audio element
  </audio>
  </p>
<table border="1" width=80% align=center>
  <tr>
    <td width=50% align=center><img src="img/xingchendahai.jpg" alt=" 我们
的征程是星辰大海 "/>
```

```
    </td>
    <td width=50%>  北斗闪耀太空，始于伟大梦想。<br>  千百年来，中华民族勇于追梦，更为之不懈奋斗。过去，全球卫星导航系统长期由美欧发达国家掌握，关键技术被“卡脖子”。经历三十七载艰辛探索，三代人呕心沥血，北斗系统从启动建设到区域组网，再到架设“星间链路”实现全球组网，用一步步坚实的脚印，中国卫星导航事业走出了一条自力更生、自我超越之路，丰富了世界卫星导航事业的发展模式。
    </td>
  </tr>
</table>
</body>
</html>
```

3. 主要浏览器对 HTML5 中音频格式的支持情况

HTML5 支持 3 种音频格式，分别是 WAV、MP3 和 OGG，其中 WAV 音质最好，但是文件体积较大；MP3 压缩率较高，普及率高，音质比 WAV 差；OGG 与 MP3 在相同位速率编码的情况下体积更小，并且 OGG 是完全免费、开放和没有专利限制的。主要浏览器对 HTML5 中音频格式的支持情况见表 2–6。

表 2–6　主要浏览器对 HTML5 中音频格式的支持情况

音频格式	Chrome	Firefox	IE	Opera	Safari
WAV	支持	支持	不支持	支持	支持
MP3	支持	支持	支持	支持	支持
OGG	支持	支持	不支持	支持	不支持

三、HTML5 视频标签及属性的设置

下面，继续介绍 <video> 标签的使用方法。

1. 视频 <video> 标签的语法格式

<video> 标签主要是定义播放视频文件或者视频流的标准。<video> 标签支持 3 种视频格式，分别为 MP4、WebM、OGG。该标签的语法格式如下。

```
<video src=URL controls autoplay>
  你的浏览器不支持视频标签
</video>
```

格式说明：<video> 用于嵌入视频内容，“autoplay”属性和“controls”属性分别定义是否自动播放视频和显示控制条。当浏览器不能正确解析 <video> 标签时，将显示“你的浏览器不支持视频标签”。

2. 视频 <video> 标签的常用属性

<video> 标签的常用属性见表 2–7。

表 2-7 <video> 标签的常用属性

属性	描述	取值
autoplay	页面加载后自动播放	autoplay
controls	显示控件，如播放按钮	controls
height	设置视频播放器的高度	pixels
loop	循环播放	loop
muted	静音	muted
poster	定义视频正在下载时显示图像的地址	URL
preload	自动加载，如果定义过“autoplay”属性就不必再设置 preload 属性	auto meta none
src	指定视频文件地址	URL
width	设置视频播放器的宽度	pixels

例如，为“第 45 届世界技能大赛”页面添加视频（视频文件保存于该网页文件目录下的 video 文件夹下，文件名为 dasai.mp4），为该视频文件添加播放按钮，并设置视频播放器宽度为 600 像素、高度为 400 像素，页面显示效果如图 2-10 所示。该页面代码可参考程序清单 2-6。

图 2-10 “第 45 届世界技能大赛”页面显示效果

程序清单 2-6 “第 45 届世界技能大赛”页面代码样例

```
<!DOCTYPE html>
<html>
<head>
  <meta charset="UTF-8">
  <title>第 45 届世界技能大赛</title>
</head>
<body>
<h1 align=center>第 45 届世界技能大赛</h1>
<p align=center>
  <video src="video/dasai.mp4" controls="controls" width=600 height=400>
    your browser does not support the video tag
  </video>
</p>
</body>
</html>
```

3. 主要浏览器对 HTML5 中视频格式的支持情况

HTML5 主要支持 MP4、WebM 和 OGG 3 种视频格式。MP4 格式使用 H264 视频编解码器和 AAC 音频编解码器，WebM 格式使用 VP8 视频编解码器和 Vorbis 音频编解码器，OGG 格式使用 Theora 视频编解码器和 Vorbis 音频编解码器。主要浏览器对 HTML5 中视频格式的支持情况见表 2-8。

表 2-8 主要浏览器对 HTML5 中视频格式的支持情况

视频格式	Chrome	Firefox	IE	Opera	Safari
MP4	支持	支持	支持	支持	支持
WebM	支持	支持	不支持	支持	不支持
OGG	支持	支持	不支持	支持	不支持

任务实施

1. 制作如图 2-11 所示的商品主图页面。

婴童类

婴儿棉绒经典款连体衣
¥45.00

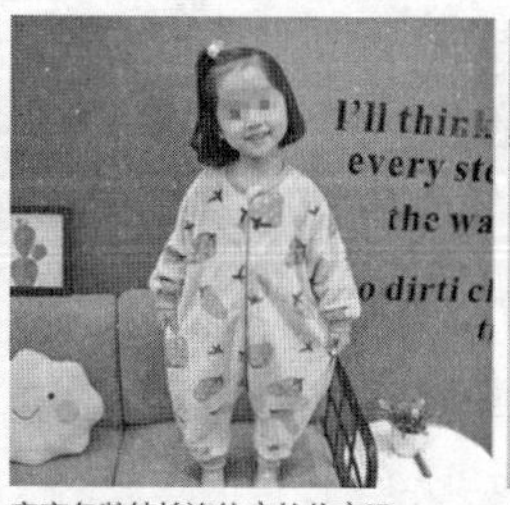

宝宝冬装纯棉连体衣幼儿衣服
¥65.00

冬季新款婴幼儿羽绒棉爬服
¥77.00

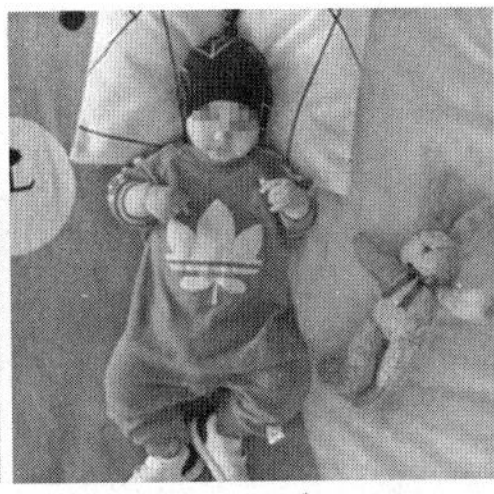

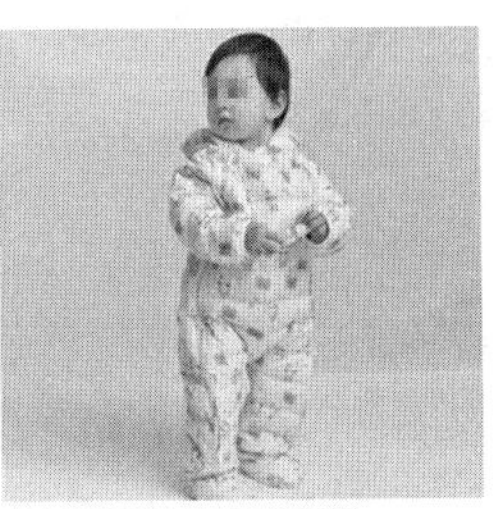

图 2-11　商品主图页面

操作提示：

（1）选择安装合适的 HTML 开发工具。

（2）创建站点文件夹。

（3）创建网页文件 main.html。

（4）其代码可参考程序清单 2-7。

程序清单 2-7　商品主图页面代码样例

```
<!DOCTYPE html>
<html>
<head>
<meta charset="UTF-8">
<title>商品主图</title>
</head>
<body>
<table width="800" border="0" cellspacing="0" cellpadding="0">
  <tr>
    <td height="80" colspan="5" align="center"><h3>婴童类</h3></td>
  </tr>
  <tr>
    <td><img src="img/1_20.png" width="262" height="248"></td>
    <td> </td>
    <td><img src="img/1_03.png" width="262" height="248"></td>
    <td> </td>
    <td><img src="img/1_07.png" width="262" height="248"></td>
  </tr>
  <tr>
    <td>婴儿棉绒经典款连体衣<br>¥45.00</td>
    <td> </td>
    <td>宝宝冬装纯棉连体衣幼儿衣服<br>¥65.00</td>
    <td> </td>
    <td>冬季新款婴幼儿羽绒棉爬服<br>¥77.00</td>
  </tr>
```

```
    <tr>
      <td height="30" colspan="5" align="center"> </td>
    </tr>
    <tr>
      <td><img src="img/1_09.png" width="262" height="248"></td>
      <td> </td>
      <td><img src="img/1_16.png" width="262" height="248"></td>
      <td> </td>
      <td><img src="img/1_18.png" width="262" height="248"></td>
    </tr>
    <tr>
      <td> 婴儿棉绒连体超洋气婴儿 <br>￥50.00</td>
      <td> </td>
      <td>2021 新款宝宝外出抱衣连脚保暖 <br>￥49.00</td>
      <td> </td>
      <td> 女童连体睡衣秋冬季法兰绒 <br>￥66.00</td>
    </tr>
  </table>
  </body>
  </html>
```

2. 制作如图 2-12 所示的商品详情页页面。

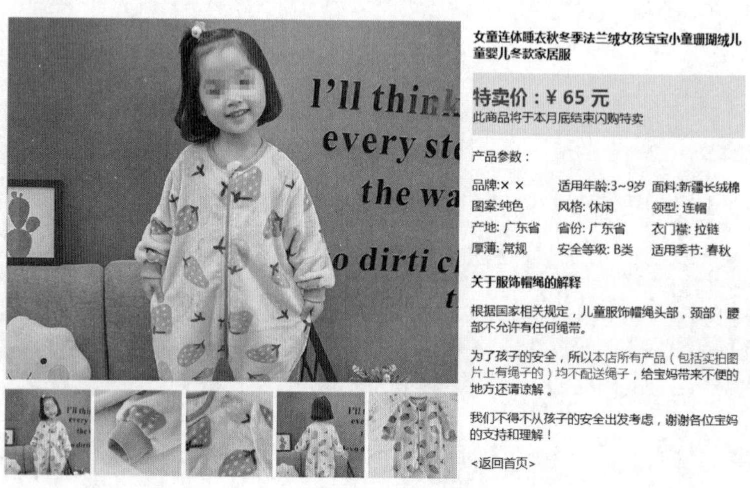

图 2-12　商品详情页页面

操作提示：

（1）选择安装合适的 HTML 开发工具。

（2）创建站点文件夹。

（3）创建网页文件 baby1_03.html。

（4）其代码可参考程序清单 2-8。

程序清单 2-8　商品详情页页面代码样例

```
<!DOCTYPE html>
<html>
<head>
<meta charset="UTF-8">
<title> 商品详情页 </title>
</head>

<body>
<table width="980" border="0" cellspacing="0" cellpadding="0"
align="center">
  <tr>
    <td width="600" height="600"><table width="603" border="0"
cellspacing="0" cellpadding="0">
    <tr>
      <td height="464"><img src="img/1_26.png" width="600" height="464"></
td>
    </tr>
    <tr>
        <td height="8"> </td>
    </tr>
    <tr>
        <td height="110"><table width="600" border="0" cellspacing="0"
cellpadding="0">
          <tr>
            <td width="116" height="110"><img src="img/1_32.png" width="116"
height="110"></td>
            <td height="110"> </td>
            <td width="116" height="110"><img src="img/1_34.png" width=
"116" height="110"></td>
            <td height="110"> </td>
            <td width="116" height="110"><img src="img/1_36.png" width=
"116" height="110"></td>
            <td height="110"> </td>
            <td width="116" height="110"><img src="img/1_38.png" width=
"116" height="110"></td>
            <td height="110"> </td>
            <td width="116" height="110"><img src="img/1_40.png" width=
"116" height="110"></td>
          </tr>
        </table></td>
      </tr>
    </table></td>
    <td> </td>
```

```
    <td width="370" valign="top">
    <table width="100%" border="0" cellspacing="6" cellpadding="0">
      <tr>
        <td height="60" colspan="3"><strong>女童连体睡衣秋冬季法兰绒女孩宝宝小
童珊瑚绒儿童婴儿冬款家居服</strong>
        </td>
      </tr>
      <tr bgcolor="#eeeeee">
        <td height="80" colspan="3"><strong><font color=red size="5">特卖
价:¥ 65元</font></strong><br>
          此商品将于本月底结束闪购特卖</td>
      </tr>
      <tr>
        <td height="40" colspan="3">产品参数:</td>
      </tr>
      <tr>
        <td>品牌:××</td>
        <td>适用年龄:3～9岁</td>
        <td>面料:新疆长绒棉</td>
      </tr>
      <tr>
        <td>图案:纯色</td>
        <td>风格:休闲</td>
        <td>领型:连帽</td>
      </tr>
      <tr>
        <td>产地:广东省</td>
        <td>省份:广东省</td>
        <td>衣门襟:拉链</td>
      </tr>
      <tr>
        <td>厚薄:常规</td>
        <td>安全等级:B类</td>
        <td>适用季节:春秋</td>
      </tr>
      <tr>
        <td colspan="3"><strong><p>关于服饰帽绳的解释</strong
        ><p>根据国家相关规定,儿童服饰帽绳头部、颈部、腰部不允许有任何绳带。
        <p>为了孩子的安全,所以<font color=red>本店所有产品(包括实拍图片上有绳子
的)均不配送绳子</font>,给宝妈带来不便的地方还请谅解。
        <p>我们不得不从孩子的安全出发考虑,谢谢各位宝妈的支持和理解!
        <p><返回首页>
        <p></td>
      </tr>
```

```
    </table></td>
  </tr>
</table>
</body>
</html>
```

3. 为图 2-11 的商品主图页面和图 2-12 的商品详情页页面建立链接，并测试其连通性。

思考拓展

1. 为音频文件添加播放按钮，效果如图 2-13 所示。

图 2-13　为音频文件添加播放按钮

操作提示：

该页面代码可参考程序清单 2-9。

程序清单 2-9　为音频文件添加播放按钮页面代码样例

```
<!DOCTYPE html>
<html>
<head>
  <meta charset="UTF-8">
<title> 星辰大海 </title>
</head>
<body>
  <h1 align=center> 我们的征程是星辰大海 </h1>
```

```
    <p align=center>
  <audio id="music01" src="music/xingchen.mp3" controls="controls">
  Your browser does not support the audio element
  </audio>
</p>
<p align=center>
  <input type="button" value="播放" onclick=document.getElementById("music01").
play()>
  <input type="button" value="暂停" onclick=document.getElementById("music01").
pause()>
  <input type="button" value="增加音量" onclick=document.getElementById("music01").
volume+=0.1>
  <input type="button" value="减少音量" onclick=document.getElementById("music01").
volume-=0.1>
</p>
</body>
</html>
```

2. 请对图 2-12 所示的商品详情页页面进行图文优化。

操作提示：

商品详情页包括商品介绍、宣传语、促销信息、售后条款、购物指南、支持与配送信息等。好的商品详情页对于网店来说至关重要，具有说服力和吸引力的文案将极大地提高店铺的转化率。

商品详情页优化需要注意以下几点。

（1）商品卖点提炼。有竞争力的卖点是吸引消费者的核心因素，如图 2-14 所示。

（2）文本内容优化。在真实有效的基础上，内容尽量简洁明确，有创意、有新意。

（3）图片内容优化。图片要能清晰准确地展现商品卖点，注意风格构图的协调统一。

图 2-14 商品卖点提炼示例

任务三　HTML5 表单的设计制作

学习目标

知识目标

熟悉 HTML5 表单 <form> 标签及属性的设置方法。

技能目标

能够根据需要为网页制作表单，并进行相关属性设置。

任务分析

表单是 HTML 网页中的重要元素，它通过收集用户的信息，并将信息发送给服务器端程序处理，来实现网上注册、网上登录、网上交易等多种功能。HTML5 改进了表单的功能，提升了表单的语义化。对设计人员而言，HTML5 表单大大提高了工作效率。本任务重点学习 HTML5 表单的应用。

相关知识

一、HTML5 表单 <form> 标签

表单是网页上用于输入信息的区域。HTML5 中的 <form> 标签用于创建表单，主要功能是收集用户信息，并将这些信息传送给服务器，以实现网页与用户的沟通。如注册和登录页面就是用表单实现的，如图 2–15 所示。

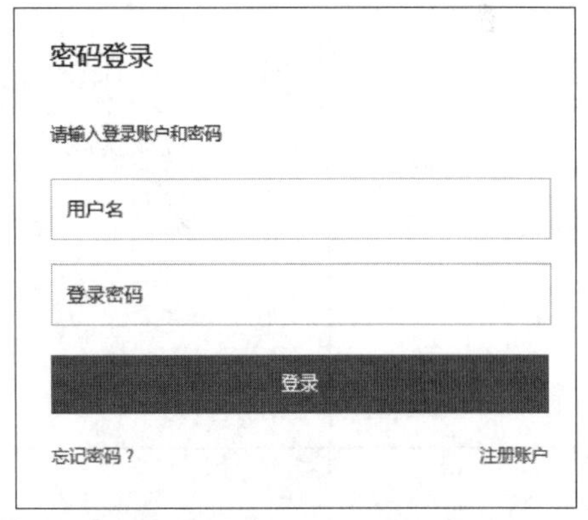

图 2–15　表单界面及其构成

在网页中，一个完整的表单通常由提示信息、表单元素和表单域 3 个部分组成。提示信息是指说明性文字，提示用户进行填写和操作。表单元素是允许用户在表单中输入内容的标签，如文本输入框、复选框、单选按钮、提交按钮等。表单域相当于容器，用来容纳提示信息和表单元素。

1. 表单 <form> 标签的语法格式

<form></form> 标签被用于定义表单域，即创建一个表单，以实现用户信息的收集和传递。可以在表单域里放置多种表单元素，比如文本输入框、复选框、单选按钮、提

交按钮、菜单、多行文本框、控件组、文本标签等。该标签的语法格式如下。

```
<form action=URL method="提交方式"name="表单名称">
  各种表单元素
</form>
```

格式说明：<form> 与 </form> 之间的表单控件是由用户自定义的，action、method 和 name 为表单标签 <form> 的常用属性，分别用于定义 URL、提交方式及表单名称。

2. 表单 <form> 标签的常用属性

<form> 标签的常用属性见表 2-9。

表 2-9　　<form> 标签的常用属性

属性	描述	取值
accept-charset	规定服务器可处理的表单数据字符集	character_set
action	规定当提交表单时向何处发送表单数据	URL
autocomplete	规定是否启用表单的自动完成功能	on off
enctype	规定在将表单数据发送到服务器之前如何对其进行编码（适用于 method="post" 的情况）	application/x-www-form-urlencoded multipart/form-data text/plain
method	规定发送表单数据的方法	get post
name	规定表单的名称	text
novalidate	如果设置该属性，则提交表单时不进行验证	novalidate
target	用于设置或者返回 form 表单的 target 属性值	blank self parent top

3. 表单 <form> 标签中的常用元素

表单 <form> 标签中的常用元素分为三类：①文本类型，如单行文本框、密码框、多行文本框等；②选择类型，如单选框、复选框、下拉列表等；③按钮类型，如普通按钮、提交按钮和复位按钮等，见表 2-10。

表 2–10　　　　表单 <form> 标签中的常用元素

类别	元素名称	用法示例
文本类型	单行文本框	<input type="text" name="username">
	密码框	<input type="password" name="user_pw">
	多行文本框	<textarea rows="10" cols="30"> 10 行 30 列的文本框 </textarea>
选择类型	单选框	<input type="radio"> 男 <input type="radio"> 女
	复选框	<input type="checkbox"> 运动 <input type="checkbox"> 唱歌 <input type="checkbox"> 阅读
	下拉列表	<select name="" id=""> <option value=""> 汉族 </option> <option value=""> 满族 </option> <option value=""> 壮族 </option> <option value=""> 回族 </option> </select>
按钮类型	普通按钮	<input type="button" value=" 点我试试 ">
	提交按钮	<input type="submit" value=" 提交按钮 ">
	复位按钮	<input type="reset" value=" 清空 ">

二、HTML5 表单中常用元素及属性的设置

1. 单行文本框

单行文本框常用来输入简短的信息，如用户名、账号、证件号码等，常用的属性有 name、value、maxlength。例如，图 2–16 中的留言板姓名栏，可以用下面的代码实现。

```
<input type="text" name="username" size=20>
```

其中，type="text" 表示该文本框是单行文本框，name 表示该文本框的名称，size 表示该文本框的显示长度。

2. 密码框

密码框用来输入密码，其内容将以圆点的形式显示。例如，图 2–16 中的留言板密码栏，可以用下面的代码实现。

```
<input type="password" name="password" size=20>
```

其中，type="password" 表示该文本框是密码框，name 表示该密码框的名称，size 表示该密码框的显示长度。

图 2–16　简易留言板页面样例

3. 多行文本框

<textarea> 用于定义多行文本框，一般用来输入留言等文字信息。例如，图 2–16 中的留言板留言栏，可以用下面的代码实现。

```
<textarea name="comment" rows=4 cols=30>
</textarea>
```

其中，name 表示该多行文本框的名称，rows 和 cols 分别代表其显示的行数与列数。

4. 单选框

单选框用于单项选择，在定义单选按钮时，必须为同一组中的选项指定相同的 name 值，这样“单选”才会生效。例如，图 2–17 中的性别栏，可以用下面的代码实现。

```
性别：男性 <input type="radio" checked="checked" name="Sex" value="male">
     女性 <input type="radio" name="Sex" value="female">
```

其中，type="radio" 用于确定是单选框、name 表示该单选框的名称，checked 表示该单选框被选中，value 表示选中该单选框后的返回值。

5. 复选框

复选框常用于多项选择，如选择兴趣、爱好等，可对其应用 checked 属性，指定默认选中项。例如，图 2–17 中的爱好栏，可以用下面的代码实现。

```
爱好：<input type="checkbox" name="hobby" value="sport"> 运动
     <input type="checkbox" name="hobby" value="sing"> 唱歌
     <input type="checkbox" name="hobby" value="read"> 阅读
```

图 2–17　简易注册页面样例

其中，type="checkbox" 用于确定是复选框，name 表示该复选框的名称，value 表示选中该复选框后的返回值。

6. 下拉列表

浏览网页时，经常会看到包含多个选项的下拉菜单。例如，图 2–17 中的技能等级栏，可以用下面的代码实现。

```
技能等级：<select name= size=5>
         <option value=5> 初级工
         <option value=4 selected> 中级工
         <option value=3> 高级工
         <option value=2> 技师
         <option value=1> 高级技师
```

其中，<select> 用于定义下拉列表，name 表示该下拉列表的名称，option 定义各下拉列表选项，selected 表示默认被选中，value 表示选中该选项后的返回值。

7. 提交按钮

提交按钮可以看成是一种具有特殊功能的普通按钮。当单击提交按钮时，会对表单的内容进行提交。当 <input> 标签的 type="submit" 时，用来表示提交按钮，其语法格式如下。

```
<input type="submit" value=" 提交按钮 ">
```

单击提交按钮后，系统将向表单标签 <form action=URL method=" 提交方式 "name=" 表单名称 "> 中定义的 URL 传送数据，其数据传送方式由 method 确定，有 get 和 post 两种方式。

get 方式通过 URL 请求来传递用户的数据，将表单内各字段名称与其内容，以成对的字符串连接，置于 action 属性所指程序的 URL 后，如 http://www.test.com/test.asp?name=abc&password=666，数据都会直接显示在浏览器的地址栏上，就像用户点击一个链接一样，所以，get 方式传送的数据量较小、安全性较低。post 方式通过 HTTP 的 post 机制，将表单内各字段名称与其内容放置在 HTML 表头内一起传送给服务器端，交由 action 属性所指向的程序处理，该程序会通过标准输入方式，将表单的数据读出并加以处理，其传送的数据量相对较大、安全性较高。

任务实施

1. 制作如图 2-18 所示的注册新用户页面，并以 zhuce.html 为文件名保存到站点文件夹中。

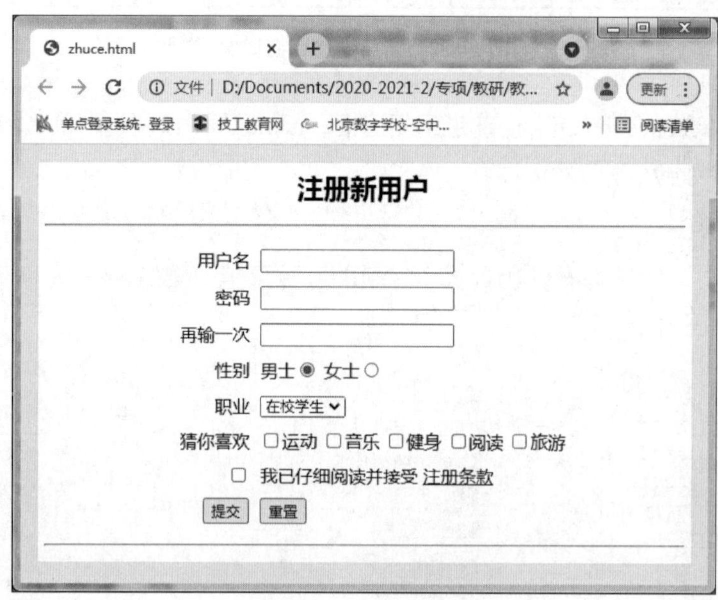

图 2-18　注册新用户页面

操作提示：

（1）选择合适的 HTML 开发工具。

（2）创建站点文件夹。

（3）创建文件 zhuce.html。

（4）其代码可参考程序清单 2-10。

程序清单 2-10　注册新用户页面代码样例

```
<!DOCTYPE html>
<html>
<head>
```

```
<meta charset="UTF-8">
</head>
<body bgcolor="#F0F0F0">
<form  action=URL method="post" name="zhuce">
<p>
<table width="600" ALIGN=CENTER bgcolor="#FFFFFF" cellpadding="4">
  <tr>
    <th colspan="2" ALIGN=CENTER><font size="5"> 注册新用户 </font>
    </th>
  </tr>
  <tr>
    <td colspan="2"><hr>
    </td>
  </tr>
  <tr>
    <td ALIGN=RIGHT width="200"> 用户名 </td>
    <td ALIGN=LEFT width="400"><input type="text" name="uname"></td>
  </tr>
  <tr>
    <td ALIGN=RIGHT> 密码 </td>
    <td ALIGN=LEFT><input type="password" name="upassword"></td>
  </tr>
  <tr>
    <td ALIGN=RIGHT> 再输一次 </td>
    <td ALIGN=LEFT><input type="password" name="upasswordcheck"></td>
  </tr>
  <tr>
    <td ALIGN=RIGHT> 性别 </td>
    <td> 男士 <input type="radio" name="sex" value="man" checked>
        女士 <input type="radio" name="sex" value="woman">
    </td>
  </tr>
  <tr>
    <td ALIGN=RIGHT> 职业 </td>
    <td>
        <select name="occupation">
          <option value="student"> 在校学生 </option>
          <option value="worker"> 工人 </option>
          <option value="farmer"> 农民 </option>
          <option value="engineer"> 工程师 </option>
          <option value="soldier"> 军人 </option>
        </select>
    </td>
  </tr>
```

```
  <tr>
    <td ALIGN=RIGHT>猜你喜欢</td>
    <td width="300">
      <input type="checkbox" name="hobby" value="sport">运动
      <input type="checkbox" name="hobby" value="music">音乐
      <input type="checkbox" name="hobby" value="gym">健身
      <input type="checkbox" name="hobby" value="read">阅读
      <input type="checkbox" name="hobby" value="travel">旅游
    </td>
  </tr>
  <tr>
    <td ALIGN=RIGHT><input type="checkbox" name="accept" value="accept">
    </td>
    <td>我已仔细阅读并接受 <a href="readme.html">注册条款</a>
    </td>
  </tr>
  <tr>
    <td ALIGN=RIGHT><input type="submit" name="submit" value="提交"></td>
    <td ALIGN=LEFT><input type="reset" name="reset" value="重置"></td>
  </tr>
  <tr>
    <td colspan="2"><hr>
    </td>
  </tr>
</table>
<p>
</form>
</body>
</html>
```

2. 表单是与用户进行交互的一个重要界面，你认为一个优秀的表单设计需要注意哪些方面？

思考拓展

HTML5 中除了常见的文本框、单选框、复选框等表单元素外，为了方便使用，还提供了诸如滑动条、日期栏、文件上传等多种表单元素。请尝试制作如图 2–19 所示的注册表单页面。

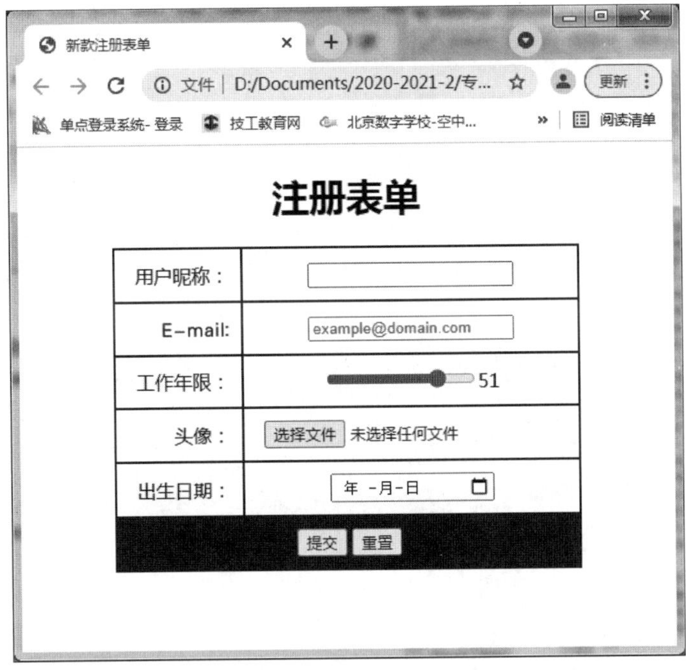

图 2-19 注册表单页面

操作提示：

该页面代码可参考程序清单 2-11。

程序清单 2-11 注册表单页面代码样例

```
<!DOCTYPE html>
<html lang="en">
  <head>
    <meta charset="UTF-8">
    <title> 新款注册表单 </title>
  </head>
  <body>
  <form  action=URL method="post"  name="zhuce">
  <h1 align=center> 注册表单 </h1>
  <p>
  <table width="400" ALIGN=CENTER bgcolor="#0000ff" cellpadding="10">
    <tr bgcolor="#FFFFFF">
      <td ALIGN=right width="120"> 用户昵称 :</td>
      <td ALIGN=center width="280"><input type="text"></td>
    </tr>
    <tr bgcolor="#FFFFFF">
      <td ALIGN=right>E-mail:</td>
      <td ALIGN=center><input type="email" name="uemail" required
placeholder="example@domain.com"></td>
```

```
    </tr>
    <tr bgcolor="#FFFFFF">
      <td ALIGN=right>工作年限:</td>
      <td ALIGN=center><input type="range" name="workrange" max=60 min=18
Value=30 onchange="document.getElementById("show").innerHTML=value"><span
id="show">30</span></td>
    </tr>
    <tr bgcolor="#FFFFFF">
      <td ALIGN=right>头像:</td>
      <td ALIGN=center><input type="file" multiple>
      </td>
    </tr>
    <tr bgcolor="#FFFFFF">
      <td ALIGN=right>出生日期:</td>
      <td ALIGN=center><input type="date" name="birthday">
      </td>
    </tr>
    <tr>
      <td  colspan="2" ALIGN=center><input type="submit" name="submit" value=
"提交">
        <input type="reset" name="reset" value="重置"></td>
    </tr>
  </table>
  </body>
</html>
```

项目三 CSS3 页面美化

项目引入

网页设计不仅仅是简单的各种元素的堆砌，还要追求美观，达到营销效果。如何通过外观、样式设计美化页面，把商品图片、文案、促销信息、活动方式等内容更加清晰地展示出来，有效地传递给消费者，是网站设计开发人员需要解决的一个难题。

自从 HTML 被开发以来，页面图文样式就以各种形式存在，以实现页面美化的效果。但随着 HTML 的更新迭代，为了满足页面设计者的要求，HTML 添加了很多显示功能，使得 HTML 变得越来越杂乱，HTML 页面也越来越臃肿，于是层叠样式表（Cascading Style Sheets，CSS）便应运而生了。

CSS 是网页设计领域的一个突破，它为 HTML 标记语言提供了一种样式描述，定义了网页元素的显示方式，能够让网页元素实现精准定位，并且能够方便地调整文字、图片等元素。利用 CSS 可以实现修改一个小的样式随之更新与之相关的所有页面元素，具有丰富的样式定义、易于使用和修改、多页面应用、页面压缩等特性，一经推出就得到了非常广泛的应用。CSS3 是 CSS 的升级版本。

任务一 CSS3 基础知识

学习目标

知识目标

1. 熟悉 CSS3 语法规则。
2. 掌握常见 CSS3 选择器的类型及其使用方法。

3. 掌握样式表链接方法。

技能目标

1. 能够按照 CSS3 语法规则对页面元素属性进行设置。

2. 能够根据需要选择合适的 CSS3 选择器并应用。

任务分析

CSS 是层叠样式表，可以使网页表现形式和内容分离。当需要修改网页的表现形式时，只需要修改样式表即可，不需要改变 HTML 页面的内容结构，就可以改变整个网站的表现形式和风格，不必逐一修改，极大地减少了重复性劳动。而且，如果采用了外链式样式表应用方式，样式表会保存在浏览器缓存中，加快了整个站点的下载显示速度，提升了系统响应速度。

CSS3 作为 CSS 的成熟标准版本，将原 CSS 规范精简延伸至多个模块，如选择器、盒模型、背景和边框、文字特效等，各模块也得到了浏览器厂商的广泛支持。本任务重点学习 CSS3 语法规则、常见 CSS3 选择器的类型及其使用方法等，通过学习能够根据需要选用合适的 CSS3 选择器，按照 CSS3 语法规则对页面元素属性进行设置，实现页面美化效果。

相关知识

一、CSS3 语法规则

CSS 用于控制网页内容的样式和布局格式，其代码保存在 .css 类型的文本文件中，或者放在网页内 <style> 标签里，或者插在网页标签的 style 属性值中。CSS 的基本语法格式由选择器和声明块两部分组成，如图 3–1 所示。

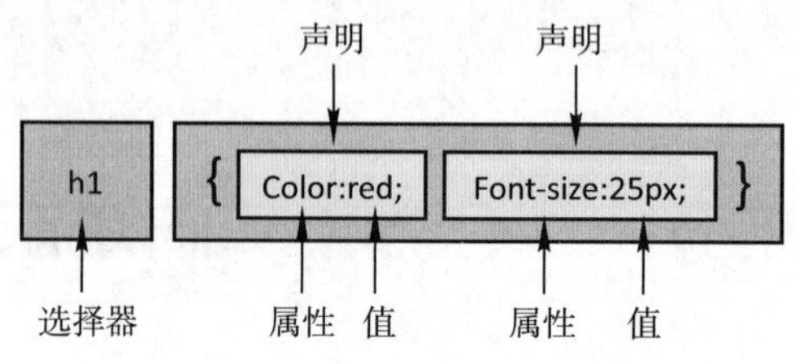

图 3–1　CSS 基本语法格式

选择器决定为哪些元素应用样式，声明块定义相应的样式。声明块是由一对大括号括起来的代码区域，包括一条或多条声明，每条声明由一个属性和一个值组成，属性和值之间用冒号隔开。属性是希望设置的样式属性，每个属性有一个值。因此，也可以说，一个样式规则由选择器、属性和值这 3 个要素构成。样式设置过程中应当注意，每条声明中的属性值一般不加引号；每一条语句都要使用英文输入状态下的分号来结束；如果属性值为数值型数据，一般情况下需要加单位，如 px（像素）。

二、CSS3 选择器

要使用 CSS 对网页元素实现控制，就需要用到 CSS 选择器。下面分别介绍三大基础选择器、集体选择器、属性选择器及 CSS3 伪类选择器。

1. 三大基础选择器

选择器是一个选择标签的过程。三大基础选择器分别为元素选择器、类选择器和 ID 选择器。

（1）元素选择器

元素选择器实质就是选择 HTML 代码中的标签，如 HTML 标签中的 <html>、<body>、<h1>、<p>、<img>、<div> 等，一旦定义之后，页面中所有该标签内容都将执行所定义的样式，其基本语法格式如图 3-2 所示。

以使用元素选择器设置页面文字大小和颜色为例，如图 3-3 所示，设定页面说明文字大小为 18 像素，颜色为灰色（#666666）；页面价格文字（用 <span> 标签标识）大小为 32 像素，颜色为红色，其代码可参考程序清单 3-1。

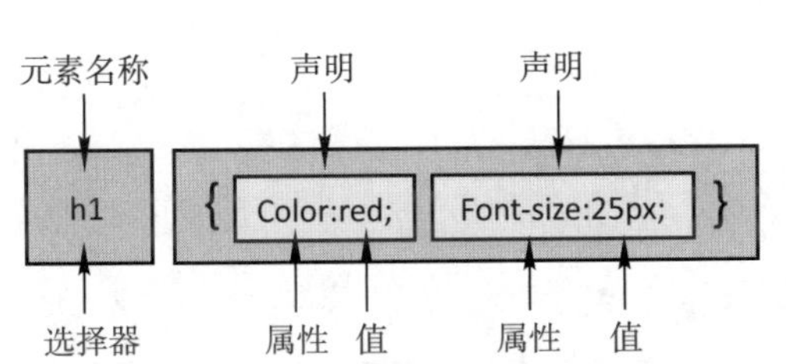

图 3-2　元素选择器基本语法格式

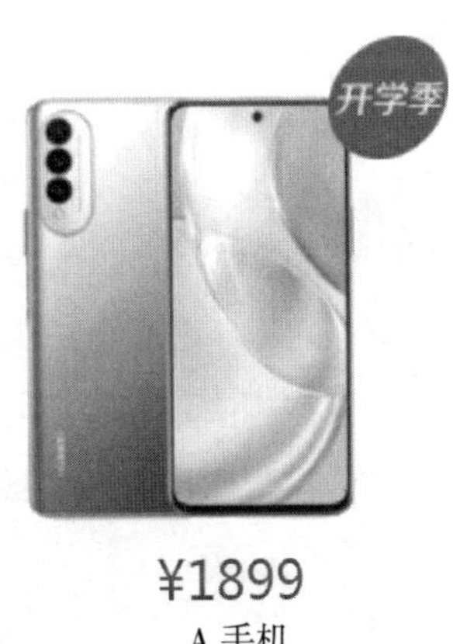

图 3-3　使用元素选择器设置文本效果示例

程序清单 3-1　使用元素选择器设置文本代码样例

```
/*----HTML 程序代码 ----*/
<body>
    <img src="images/3-1.jpg"><br/>
    <span>&yen;1899</span>
    <p>A 手机 </p>
    <p> 产品说明 </p>
</body>
```

```
                    /*----CSS 程序代码 ----*/
<style type="text/css">
body{
        text-align:center;// 文档内容居中显示
}
p{
    font-size:18px;// 文字大小 18 像素
    color:#666666;
}
span{
    color:red;// 文字颜色为红色
    font-size:32px;
}
</style>
```

（2）类选择器

类选择器在 CSS 中是最常用到的，主要是对一类或者是一群元素进行操作，它是对 HTML 标签中 class 属性进行选择。class 的值就是为元素定义的“类名”。类选择器的选择符是“.”，其基本语法格式如图 3-4 所示。

类选择器遵循“谁调用、谁生效”的原则，一个标签可以调用多个类选择器，或者多个标签可以调用同一个类选择器。类选择器命名应该做到见名知意，需要注意以下问题。

第一，不允许以数字开头或者用纯数字定义类名。

第二，不允许以特殊符号开头或者用纯特殊符号定义类名。

第三，不建议使用汉字定义类名。

第四，不推荐使用属性或者属性的值定义类名。

常见类名命名见表 3-1。

表 3-1　常见类名命名

头部	header	页面主体	main
内容	content/container	热点	hot
尾部	footer	新闻	news
导航	nav	子导航	subnav
菜单	menu	子菜单	submenu
栏目	column	侧边栏	sidebar
标志	logo	版权	copyright
广告	banner	滚动	scroll
搜索	search	友情链接	friendlink

以使用类选择器设置页面文字大小和颜色为例，如图 3-5 所示，设定页面说明文字大小为 18 像素，颜色为灰色（#666666）；页面价格文字（用 <span> 标签标识）大小为 32 像素，颜色为红色，其代码可参考程序清单 3-2。

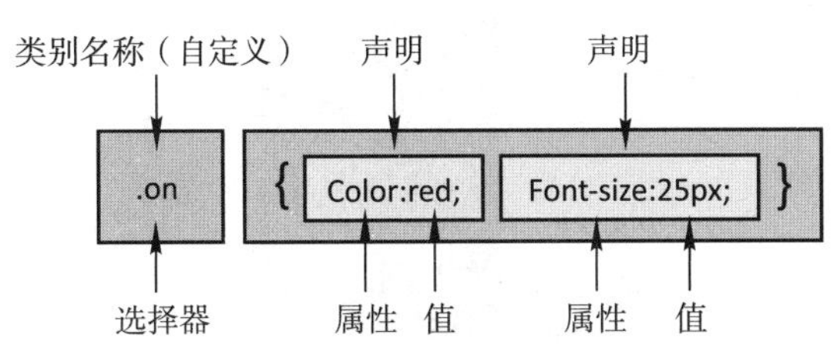

图 3-4　类选择器基本语法格式

图 3-5　使用类选择器设置文本效果示例

程序清单 3-2　使用类选择器设置文本代码样例

```
                    /*----HTML 程序代码 ----*/
<body>
    <p><img src="images/3-2.jpg"></p>
    <p class="price">&yen;10999</p>
    <p class="detail">B 手机 <br/>
       产品说明 </p>
</body>
                    /*----CSS 程序代码 ----*/
<style type="text/css">
    p{
       text-align:center;
    }
    .detail{
       font-size:18px;
       color:#666666;
    }
    .price{
       font-size:32px;
       color:red;
    }
</style>
```

（3）ID 选择器

ID 选择器和类选择器用法和命名要求都一样，区别在于在同一个 HTML 页面中 ID

选择器命名具有唯一性，ID 选择器的选择符是“#”。使用多个相同的 ID 选择器，浏览器不会报错，但是不符合 W3C（万维网联盟）标准且 Javascript 语言调用会出错。ID 选择器基本语法格式如图 3-6 所示。

一个标签只能调用一个 ID 选择器，一个标签可以同时调用类选择器和 ID 选择器。

以使用 ID 选择器设置页面文字大小和颜色为例，如图 3-7 所示，设定页面说明文字大小为 18 像素，颜色为灰色（#666666）；页面价格文字（用 <span> 标签标识）大小为 32 像素，颜色为红色，其代码可参考程序清单 3-3。

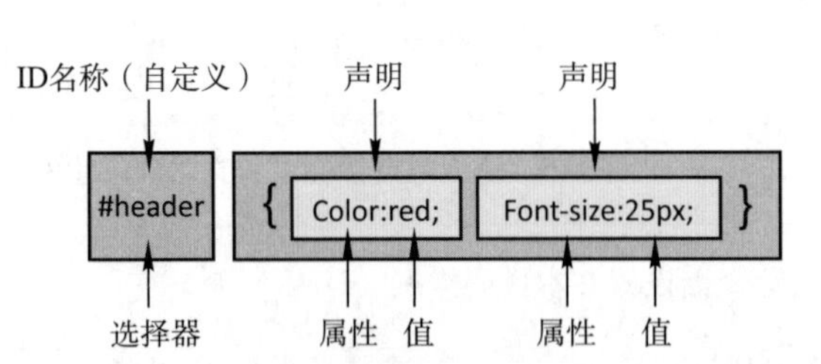

图 3-6　ID 选择器基本语法格式

图 3-7　使用 ID 选择器设置文本效果示例

程序清单 3-3　使用 ID 选择器设置文本代码样例

```
/*----HTML 程序代码 ----*/
<body>
    <img src="images/3-3.jpg"><br/>
    <p id=price>&yen;18799</p>
    <p id=detail>C 手机 <br/>
        产品说明 5G</p>
</body>
/*----CSS 程序代码 ----*/
<style type="text/css">
    body{
        text-align:center;
    }
    #detail{
        font-size:18px;
        color:#666666;
    }
    #price{
        font-size:32px;
        color:red;
    }
</style>
```

CSS 选择器就是用于指定 CSS 作用的标签，无论采用哪种选择器，最终目的都是为了找到对应的元素，并用相应规则修饰，完成美化页面的效果。元素选择器、类选择器、ID 选择器对比见表 3–2。

表 3–2　　三大基础选择器对比

名称	格式	使用范围

元素选择器	标签名 {
	规则
	}
		修饰所有同名的标签，即针对一类标签

类选择器	. 类名 {
	规则
	}
		修饰同一类元素，可以出现多次，当有多个元素具有同样的样式时可以用类选择器

ID 选择器	.ID 名称 {
	规则
	}
		修饰网页中唯一的元素，名称不会出现多次，具有唯一性

2. 集体选择器

集体选择器是由两个或者两个以上的基础选择器通过不同的方式组合而成的（见表 3–3）。它应用于多个不同页面元素需要同一种样式属性的情景，能够极大简化操作。

表 3–3　　集体选择器语法格式及含义

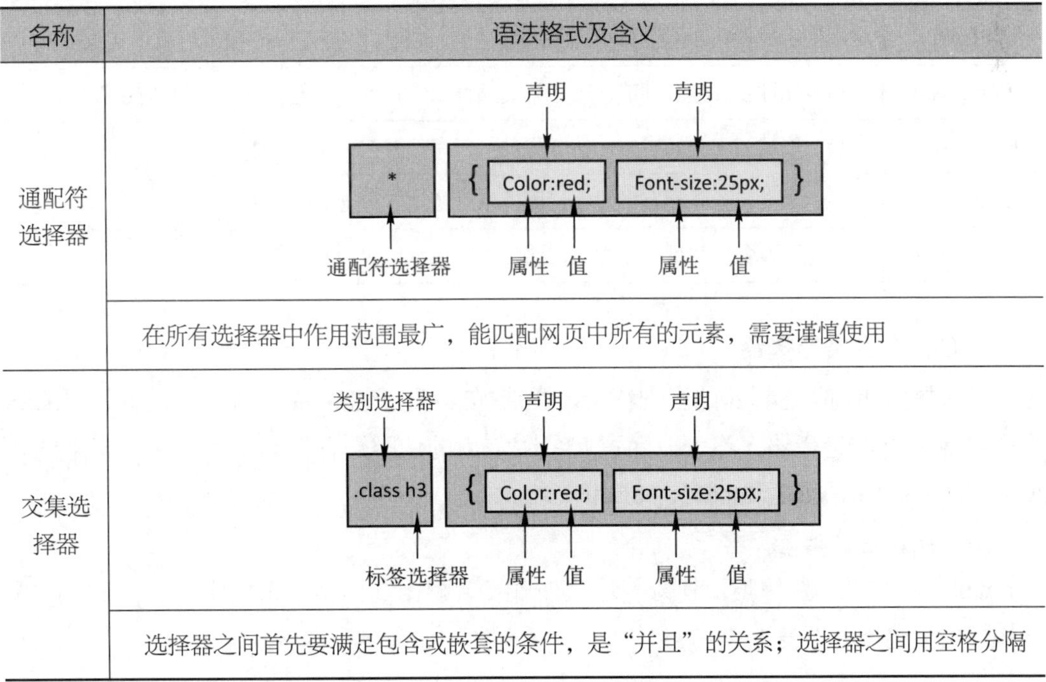

名称	语法格式及含义
通配符选择器	声明 声明 * { Color:red; Font-size:25px; } 通配符选择器 属性 值 属性 值
	在所有选择器中作用范围最广，能匹配网页中所有的元素，需要谨慎使用
交集选择器	类别选择器 声明 声明 .class h3 { Color:red; Font-size:25px; } 标签选择器 属性 值 属性 值
	选择器之间首先要满足包含或嵌套的条件，是“并且”的关系；选择器之间用空格分隔

续表

名称	语法格式及含义
并集选择器	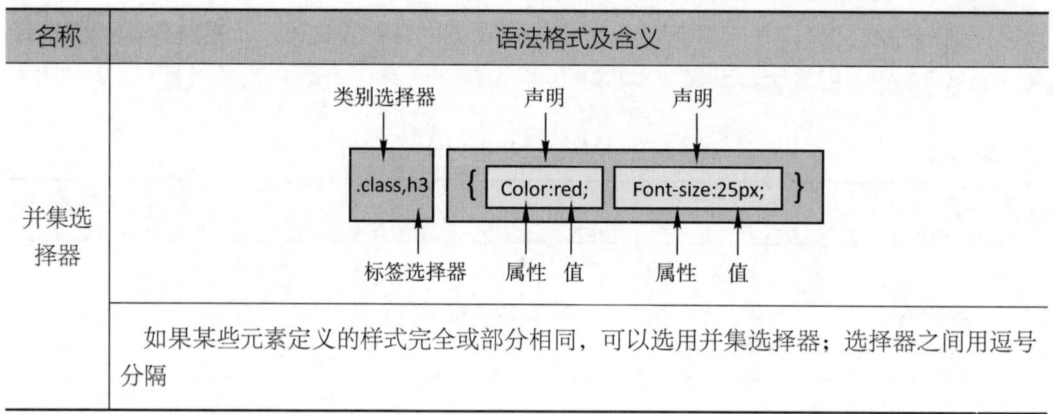
	如果某些元素定义的样式完全或部分相同，可以选用并集选择器；选择器之间用逗号分隔

3. 属性选择器

属性选择器就是根据元素的属性及属性值来选择元素，其主要作用就是对带有指定属性的 HTML 元素设置样式。例如，<p title="xxxx"></p> 中的 title 就是 p 的属性，可以指定 [attribute=title] 来选择，然后定义样式，这样 <p title="xxxx"></p> 就会应用所定义的样式。

使用 CSS3 属性选择器，可以只指定元素的某个属性，或者可以同时指定元素的某个属性和其对应的属性值。常见属性选择器见表 3–4。

表 3–4　　常见属性选择器

格式	含义
E[attr]	只使用属性名，但没有指定任何属性值，表示只要存在 attr 属性则应用相关样式
E[attr=val]	指定属性名及其属性值，表示只要属性 attr 的属性值完全等于 val 则应用相关样式
E[attr*=val]	指定属性名，并且有属性值，属性值任意位置包含 val 字符
E[attr^=val]	指定属性名，并且有属性值，属性值开始位置包含 val 字符
E[attr$=val]	指定属性名，并且有属性值，属性值结束位置包含 val 字符

4. CSS3 伪类选择器

类选择器和伪类选择器的区别在于，类选择器可以随意起名，而伪类选择器是 CSS 中已经定义好的选择器，不可以随意起名。常用的伪类选择器是使用在 a 元素上的几种，如 a:link、a:visited、a:hover、a:active。

（1）结构性伪类选择器

CSS3 新增了一些伪类，其特点是允许开发者根据文件结构来指定元素样式。常见结构性伪类选择器见表 3–5。

表 3–5　常见结构性伪类选择器

格式	含义
:root	匹配文件的根元素，在 HTML 中，根元素永远是 <html>
E:empty	匹配没有任何子元素的 E 元素（使用不是非常广泛）
E:first–child	匹配属于其元素的第一个子元素
E:last–child	匹配属于其元素的最后一个子元素
E:nth–child (n)	匹配属于其父元素的第 n 个子元素，nth–child 按个数计算
E:nth–of–type (n)	匹配属于父元素的特定类型的第 n 个子元素。nth–of–type 按类型计算
注意：n 遵循线性变化，其取值为 0、1、2、3、4 等，但是当 n≤0 时，取值无效	

例如，使用伪类选择器来定义一个导航条，如图 3–8 所示。该导航条使用列表标签，经 CSS 美化效果后形成，单列为浅黄色底纹，双列为浅粉色底纹，其代码可参考程序清单 3–4。

手机	手机配件	智能设备	影音器材

图 3–8　使用伪类选择器定义导航条效果示例

程序清单 3–4　使用伪类选择器定义导航条代码样例

```
                    /*----HTML 程序代码 ----*/
<body>
    <ul>
        <li> 手机 </li>
        <li> 手机配件 </li>
        <li> 智能设备 </li>
        <li> 影音器材 </li>
    </ul>
</body>
                    /*----CSS 程序代码 ----*/
<style>
    *{
        margin:0;
        padding:0;
        list-style:none;
    }
    ul{
        margin:100px 100px;
    }
    li{
        float:left;
```

```
        width:200px;
        height:70px;
        border:1px solid #006;// 边界样式
        text-align:center;
        line-height:70px;
        margin-left:-1px;// 左边距
        margin-top:-1px;// 上边距
        font-size:20px;
    }
    li:nth-child(n){
        background-color:#f8e690;
    }
    li:nth-child(2n){
        background-color:#feebc1;
    }
</style>
```

（2）伪元素选择器

CSS3 提出伪元素的概念。E:after 和 E:before 在旧版本中属于伪类，在 CSS3 中属于伪元素。因此，在 CSS3 中 E:after、E:before 会作为伪元素并被自动识别为 E::after、E::before。伪类选择器的标志是 “:”，伪元素选择器的标志为 “::”。常见伪元素选择器见表 3–6。

表 3–6　　常见伪元素选择器

格式	含义
::first–line	控制第一行文字样式
::first–letter	控制第一个字母或文字（如中文、日文、韩文等）样式
::before	在元素内容前插入新的内容
::after	在元素内容后插入新的内容
::selection	改变选中文本的样式

例如，使用伪元素选择器来定义一行说明文本，如图 3–9 所示，在指定的文本 “七天无理由退换” 前面自动加上红色文字 “服务承诺　破损包退　正品保证”，后面自动加上绿色文字 “极速退款”，其代码可参考程序清单 3–5。

服务承诺 破损包退 正品保证 七天无理由退换 极速退款

图 3–9　使用伪元素选择器定义文本效果示例

程序清单 3-5　使用伪元素选择器定义文本代码样例

```
                        /*----HTML 程序代码 ----*/
<body>
<span> 七天无理由退换 </span>
</body>
                        /*----CSS 程序代码 ----*/
<style>
    span::before{
        content:" 服务承诺　破损包退　正品保证 ";
        color:red;
        display:inline-block;
    }
    span::after{
        content:" 极速退款 ";
        color:green;
    }
    span{
        border:1px solid #000;
    }
</style>
```

三、样式表链接方法

CSS 样式应用的方法主要有内嵌式、外链式和行内样式三种。

1. 内嵌式

内嵌式通过将 CSS 写在网页源文件的头部，即在 <head> 和 <head> 之间，通过使用 HTML 标签中的 <style> 标签将其包围，其特点是该样式只能在此页使用，解决行内样式多次书写的弊端。内嵌式语法格式如下。

```
<head>
    <style type="text/css">
        样式表写法
    </style>
</head>
```

2. 外链式

外链式通过 HTML 的 <link> 标签，将外部样式表文件链接到 HTML 文件中，这也是应用最多的方式，同时也是最实用的方式。这种方法将 HTML 文件和 CSS 文件完全分离，实现结构层和表示层的彻底分离，增强网页结构的扩展性和 CSS 样式的可维护性。外链式语法格式如下。

```
<head>
   <link rel="stylesheet" href="style.css">(style.css 是链接样式表文件)
</head>
```

3. 行内样式

行内样式就是把 CSS 样式直接放在代码行内的标签中，一般都是放入标签的 style 属性中。行内样式直接插入标签中，因而是最直接的一种方式，同时也是修改最不方便的样式。行内样式语法格式如下。

```
<h1 style="font-size:18px; color:red;">电子商务</h1>
```

内嵌式只作用于当前文件，没有真正实现页面结构和页面表现分离。外链式遵循“谁调用、谁生效”原则，作用范围是当前站点，真正实现页面结构和页面表现分离。行内样式作用范围仅限于当前标签，作用范围较窄，页面结构和页面表现混淆，不推荐使用。

任务实施

1. 请使用内嵌式样式表，实现如图 3-10 所示的产品列表页面效果。页面说明文字大小为 16 像素，颜色为灰色（#666666）；页面价格文字大小为 26 像素，颜色为红色；图像尺寸均设置为宽 280 像素、高 300 像素。

图 3-10　产品列表页面效果

操作提示：

（1）选择合适的 HTML 开发工具。

（2）创建站点文件夹，准备好图片素材文件。

（3）创建文件 index.html，采用内嵌式样式表。

（4）其代码可参考程序清单 3-6。

程序清单 3-6　使用内嵌式样式表美化产品列表页面代码样例

```
<!DOCTYPE html>
<html lang="en">
<head>
<meta charset="UTF-8">
<title>产品展示</title>
<style type="text/css">
  p{
    text-align:center;
  }
  .detail{
    font-size:16px;
    color:#666666;
  }
  .price{
    font-size:26px;
    color:red;
  }
</style>
</head>
<body>
<table width="960" ALIGN=CENTER cellpadding="4">
  <tr>
    <td><p><img src="images/3-1.jpg" width="280" height="300"></p>
      <p class="price">&yen;1899</p>
      <p class="detail">A 手机 <br/>
          产品说明 </p>
    </td>
    <td><p><img src="images/3-2.jpg" width="280" height="300"></p>
      <p class="price">&yen;10999</p>
      <p class="detail">B 手机 <br/>
          产品说明 </p>
    </td>
    <td><p><img src="images/3-3.jpg" width="280" height="300"></p>
      <p class="price">&yen;18799</p>
      <p class="detail">C 手机 <br/>
          产品说明 </p>
    </td>
  </tr>
</table>
</body>
</html>
```

2. 请使用外链式样式表，为价格说明页面（note.html）配置两种不同的样式，其中一种如图 3-11 所示，外链式样式表名称设为 style1.css，红色底纹，加粗字号为 14 px，常规字号为 12 px，字体为微软雅黑；另一种如图 3-12 所示，外链式样式表名称设为 style2.css，深蓝色底纹，加粗字号为 16 px，常规字号为 14 px，字体为微软雅黑。价格说明页面根据情况选择应用其中之一。

价格说明

商品价：商品价为商品的销售价，是您最终决定是否购买商品的依据。

划线价：商品展示的画横线价格为参考价，并非原价，该价格可能是品牌专柜标价、商品吊牌价或由品牌供应商提供的正品零售价（如厂商指导价、建议零售价等）或其他真实有依据的价格；由于地区、时间的差异性和市场行情波动，品牌专柜标价、商品吊牌价等可能会与您购物时所展示的不一致，该价格仅供您参考。

折扣：如无特殊说明，折扣指销售商在原价或划线价（如品牌专柜标价、商品吊牌价、厂商指导价、厂商建议零售价）等某一价格基础上计算出的优惠比例或优惠金额；如有疑问，您可在购买前联系销售商进行咨询。

异常问题：商品促销信息以商品详情页“促销”栏中的信息为准；商品的具体售价以订单结算页价格为准；如您发现活动商品售价或促销信息有异常，建议购买前先联系销售商咨询。

图 3-11　价格说明页面样式应用效果（1）

价格说明

商品价：商品价为商品的销售价，是您最终决定是否购买商品的依据。

划线价：商品展示的划线价为参考价，并非原价，该价格可能是品牌专柜标价、商品吊牌价或由品牌供应商提供的正品零售价（如厂商指导价、建议零售价等）或其他真实有依据的价格；由于地区、时间的差异性和市场行情波动，品牌专柜标价、商品吊牌价等可能会与您购物时所展示的不一致，该价格仅供您参考。

折扣：如无特殊说明，折扣指销售商在原价或划线价（如品牌专柜标价、商品吊牌价、厂商指导价、厂商建议零售价）等某一价格基础上计算出的优惠比例或优惠金额；如有疑问，您可在购买前联系销售商进行咨询。

异常问题：商品促销信息以商品详情页“促销”栏中的信息为准；商品的具体售价以订单结算页价格为准；如您发现活动商品售价或促销信息有异常，建议购买前先联系销售商咨询。

图 3-12　价格说明页面样式应用效果（2）

操作提示：

（1）选择合适的 HTML 开发工具。

（2）创建站点文件夹，准备好素材文件，并设置好 CSS 文件保存的文件夹。

（3）创建外链式样式表文件 style1.css，然后将其应用到 note.html 文件上，其代码可参考程序清单 3-7、程序清单 3-8。

（4）创建外链式样式表文件 style2.css，在 note.html 文件上调整外链式样式表文件为 style2.css，比较一下效果区别。

程序清单 3-7　素材文件 note.html 代码样例

```
<!DOCTYPE html>
<html>
<head>
<meta charset="UTF-8">
<title>价格说明</title>
</head>
<body>
  <div>价格说明</div>
  <p>商品价：商品价为商品的销售价，是您最终决定是否购买商品的依据。</p>
  <p>划线价：商品展示的划线价为参考价，并非原价，该价格可能是品牌专柜标价、商品吊牌价或由品牌供应商提供的正品零售价（如厂商指导价、建议零售价等）或其他真实有依据的价格；由于地区、时间的差异性和市场行情波动，品牌专柜标价、商品吊牌价等可能会与您购物时所展示的不一致，该价格仅供您参考。</p>
  <p>折扣：如无特殊说明，折扣指销售商在原价或划线价（如品牌专柜标价、商品吊牌价、厂商指导价、厂商建议零售价）等某一价格基础上计算出的优惠比例或优惠金额；如有疑问，您可在购买前联系销售商进行咨询。</p>
  <p>异常问题：商品促销信息以商品详情页“促销”栏中的信息为准；商品的具体售价以订单结算页价格为准；如您发现活动商品售价或促销信息有异常，建议购买前先联系销售商咨询。</p>
</body>
</html>
```

程序清单 3-8　外链式样式表文件 style1.css 代码样例

```
@charset "UTF-8";
/*CSS Document*/
.notices{
  color:white;
  font-size:14px;
  background-color:red;
  height:20px;
  font-weight:bold;
}
.keyword{
  color:#666666;
  font-size:14px;
  font-weight:bold;
  font-family:"微软雅黑";
}
p{
  color:#666666;
  font-family:"微软雅黑";
  font-size:12px;
}
```

思考拓展

请尝试使用元素选择器，采用外链式样式表的方式实现如图 3-10 所示产品列表页面效果。

任务二　使用 CSS3 进行网页布局

学习目标

知识目标

1. 理解盒子模型、弹性盒子的含义和作用。
2. 掌握盒子模型的规律和特征。
3. 掌握元素浮动样式和定位模式的设置方法。

技能目标

1. 能够使用盒子模型更好地控制网页各元素。
2. 能够使用弹性盒子使页面布局合理、美观。

任务分析

网页布局是网站开发的重要元素。网页作为一种传达信息的页面，包括文字、图片、各种图标以及动态效果等，在设计中需要对网页元素统一布局，使网页整齐、美观。使用 CSS3 进行网页布局可以节约更多的时间。例如，可以快速实现等高布局、水平垂直居中、经典布局、宽高比例变化、页脚保持在底部等设置，能够节约更多的时间，并且不能只适用单一布局形式，还需要全方面了解相关的布局框架理论。有利于网站设计人员在定义复杂结构的网页时得心应手，实现网站的统一化、规范化、可拓展及快速迭代。

本任务重点学习使用 CSS3 进行网页布局，通过学习，使学生在理解盒子模型知识的基础上，掌握盒子模型的规律和特征，能熟练设置常见的浮动样式和定位模式，并将盒子模型方法论运用到网页布局设计的每一处，让页面布局更加合理、美观。

相关知识

一、盒子模型

1. 盒子模型简介

盒子模型是 CSS 所使用的一种思维模型。如果将网页比作放置物品的桌面，盒子模型就如同桌子上摆放的多个盒子。盒子模型其实就是把 HTML 页面中的元素看作矩形盒子，即盛装内容的容器。每个矩形盒子都由元素、内边距（padding）、边框（border）和外边距（margin）组成，如图 3–13 所示。

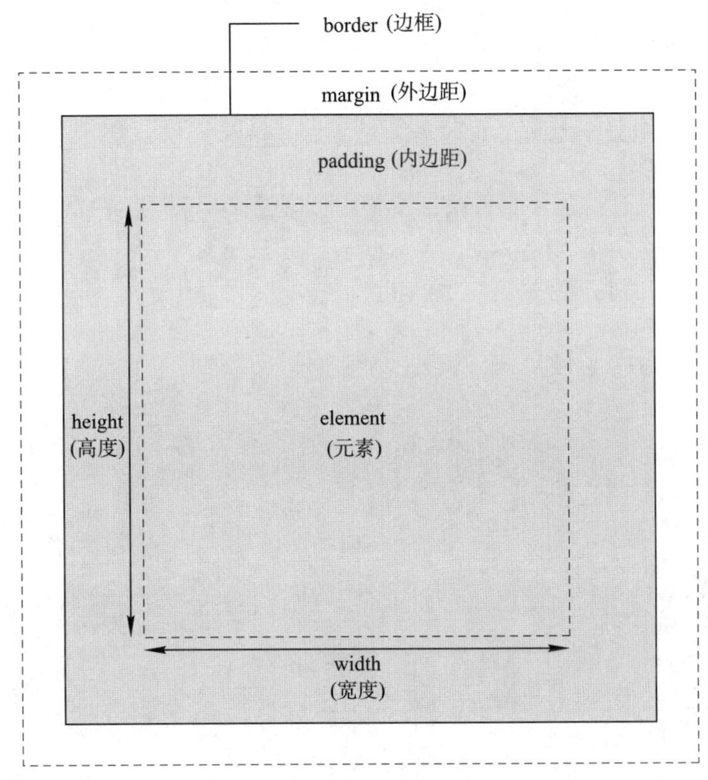

图 3–13　盒子模型

2. 盒子模型基本属性设置

盒子模型的边框是指元素的外围边线，可以设置 border、border–top（上边框）、border–bottom（下边框）、border–left（左边框）、border–right（右边框）等属性，控制、显示边框不同的样式，其语法格式如下。

```
border :border-width  ||  border-style  ||  border-color
```

例如，使用盒子模型定义导航条背景和边框，如图 3–14 所示，设置盒子（.nav 盒子）高度为 40 像素，背景颜色为灰色（#eee），上边框为 3 px、实线、橙色（orange），下边框为 1 px、实线、灰色（#aaa）；文本设置超链接，颜色设置为灰色（#333），文字高和行高均为 40 px，并使用 display：inline 将文字链接设置为行内元素显示，使文字显示为一行，其代码可参考程序清单 3-9。

设为首页 手机新浪网 移动客户端 → .nav

图 3-14 使用盒子模型定义导航条背景和边框效果示例

程序清单 3-9 使用盒子模型定义导航条背景和边框代码样例

```
                    /*----HTML 程序代码 ----*/
<body>
    <div class="nav">
        <a href="#"> 设为首页 </a>
        <a href="#"> 手机新浪网 </a>
        <a href="#"> 移动客户端 </a>
    </div>
</body>
                    /*----CSS 程序代码 ----*/
<style type="text/css">
    .nav{
        height:40px;
        background:#eee;
        border-top:3px solid orange;
        border-bottom:1px solid #aaa;
    }
    a{
        height:40px;
        line-height:40px;
        color:#333;
        display:inline;// 将对象设置为行内元素显示
        text-decoration:none;
    }
</style>
```

盒子模型的内边距是指元素内容和元素边框的空白区域，可以是长度值或百分比，但不允许为负数。可以设置 padding、padding-top（上内边距）、padding-right（右内边距）、padding-bottom（下内边距）、padding-left（左内边距）等属性控制网页元素。需要注意的是，如果盒子已经有了宽度和高度，此时再指定内边距会撑大盒子。

盒子模型的外边距用于控制盒子和盒子之间的距离，可以是长度值或 auto，允许为负数。可以设置 margin、margin-top（上外边距）、margin-right（右外边距）、margin-bottom（下外边距）、margin-left（左外边距）等属性控制网页元素。此外，外边距可以让块级盒子水平居中，前提必须是盒子有宽度且盒子左右的外边距都设置为 auto。

例如，使用盒子模型 <div> 标签制作行业动态，如图 3-15 所示，设置盒子（.box 盒子）宽度为 200 像素，高度为 150 像素，设置外边距使盒子左右居中，修饰盒子边框。设置 2 号盒子（.title 盒子）的高度为 36 px，文字垂直居中，左内边距为 20 px，并修饰盒子边框。设置（.content 盒子）的左外边距和上外边距均为 10 px，且文字用 ul 和 li 布局，字体颜色设置为灰色（#666666），字体大小为 14 px，其代码可参考程序清单 3-10。

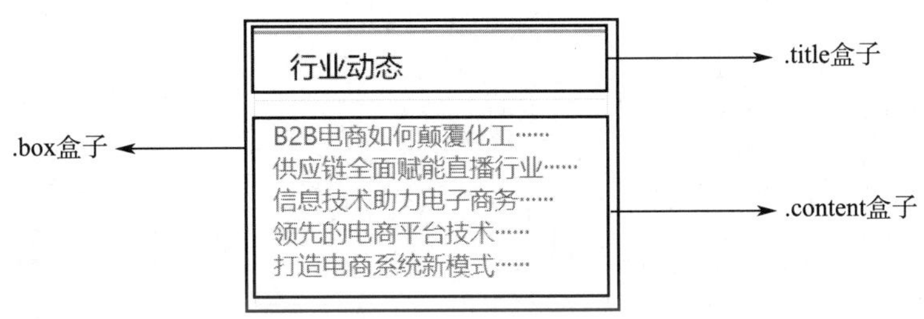

图 3-15　使用盒子模型定义内边距和外边距效果示例

程序清单 3-10　使用盒子模型定义内边距和外边距代码样例

```
/*----HTML 程序代码 ----*/
<body>
    <div class="box">
        <div class="title">
            行业动态
        </div>
        <div class="content">
            <ul>
                    <li>B2B 电商如何颠覆化工……</li>
                    <li> 供应链全面赋能直播行业……</li>
                    <li> 信息技术助力电子商务……</li>
                    <li> 领先的电商平台技术……</li>
                    <li> 打造电商系统新模式……</li>
                </ul>
        </div>
    </div>
</body>
/*----CSS 程序代码 ----*/
<style>
  *{
        margin:0;
        padding:0;

  }
```

```
    ul li{
            list-style:none;
    }
    .box{
            width:200px;
            height:150px;
            border:1px solid #d9e0ee;
            border-top:2px solid #ff8400;
            margin:10px auto;
    }
    .title{
            border-bottom:1px solid #d9e0ee;
            height:36px;
            line-height:36px;
            padding-left:20px;
    }
    .content ul{
            margin-left:10px;
            margin-top:10px;
    }
    .content ul li{
            color:#666666;
            font-size:14px;
            text-decoration:none;
    }
</style>
```

二、弹性盒子

CSS3 弹性盒子是一种当页面需要适应不同的屏幕大小以及设备类型时，确保元素拥有恰当行为的布局方式。引入弹性盒子布局的目的是提供一种更加有效的方式来对容器中的子元素进行排列、对齐和分配空白空间。

1. 弹性盒子简介

弹性盒子由弹性容器和弹性子元素组成。弹性容器通过 display:flex/inline-flex 或 display:-webkit-flex（兼容性）定义，它可以包含一个或多个弹性子元素。弹性子元素通常在弹性盒子内呈一行显示。

2. 弹性容器属性设置

设置弹性容器属性可以起到约束子级元素排列布局的作用，以更好地布局网页元素。弹性容器常见属性见表 3-7。

表 3-7　　弹性容器常见属性

格式	含义
flex-direction	定义主轴的方向（即项目的排列方向）
flex-wrap	定义一条轴线排不下时的换行方式
flex-flow	是 flex-direction 属性和 flex-wrap 属性的简写形式，默认值为 row nowrap
justify-content	定义项目在主轴上的对齐方式
align-items	定义项目在交叉轴上的对齐方式
align-content	定义多根轴线的对齐方式

（1）flex-direction 属性

flex-direction 属性具有多种属性值（见表 3-8），决定了弹性子元素的方向。

表 3-8　　flex-direction 属性值

格式	含义	图形演示
row（默认值）	水平方向，起点在左端	
row-reverse	水平方向，起点在右端	
column	垂直方向，起点在上沿	
column-reverse	垂直方向，起点在下沿	

（2）flex-wrap 属性

flex-wrap 属性具有多种属性值（见表 3-9），决定了是否换行以及新行堆叠方向。

表 3-9　　flex-wrap 属性值

格式	含义	图形演示
nowrap（默认）	不换行	1 2 3 4

续表

格式	含义	图形演示
wrap	换行，第一行在上方	1 2 3 / 4 5 6
wrap-reverse	换行，第一行在下方	4 5 6 / 1 2 3

（3）justify-content 属性

justify-content 具有多种属性值（见表 3-10），决定了项目在主轴（横轴）方向上的对齐方式。

表 3-10　justify-content 属性值

格式	含义	图形演示
flex-start（默认）	左对齐	1 2 3 4
center	居中	1 2 3 4
flex-end	右对齐	1 2 3 4
space-between	两端对齐	1 2 3 4
space-around	每个项目两侧的间距相等	1 2 3 4

3. 弹性盒子子元素属性设置

弹性盒子布局不仅是对弹性容器的设置，还可以对其子元素进行设置，其主要有 flex 和 order 两个属性。

（1）flex 属性

flex 属性用于设置或检索弹性盒子的子元素如何分配空间。flex 属性是 flex-grow、flex-shrink 和 flex-basis 的简写。flex-grow 对弹性容器剩余空间进行重要分配，当父元素的宽度大于所有子元素的宽度和时，即父元素有剩余空间，它便定义子元素如何分配父元素的剩余空间。flex-shrink 是当父元素的宽度小于所有子元素的宽度和时，即子元素超出父元素，它便定义子元素如何缩小自己的宽度。flex-basis 用于设置子元素的占用空间。此外，当父盒子设置 display:flex，且侧边栏大小固定后，将内容区设置为 flex:1，内容区会自动放大占满剩余空间，实现自适应布局。

（2）order 属性

order 属性规定弹性子元素在同一弹性容器中的显示和布局顺序。元素按顺序值的升序排列。具有相同顺序值的元素按它们在源代码中出现的顺序进行布局。

弹性盒子经常用于自适应布局，即用户改变浏览器窗口大小，网页元素排列布局会随之改变。例如，使用弹性盒子进行页面布局，如图 3-16 所示，父盒子（.flex_box）为弹性容器，弹性子元素的排列方向为水平且起点在右端，对齐方式为两侧间隔相等，堆叠方式为换行且第一行在上方，采用自适应布局分配剩余空间，其代码可参考程序清单 3-11。

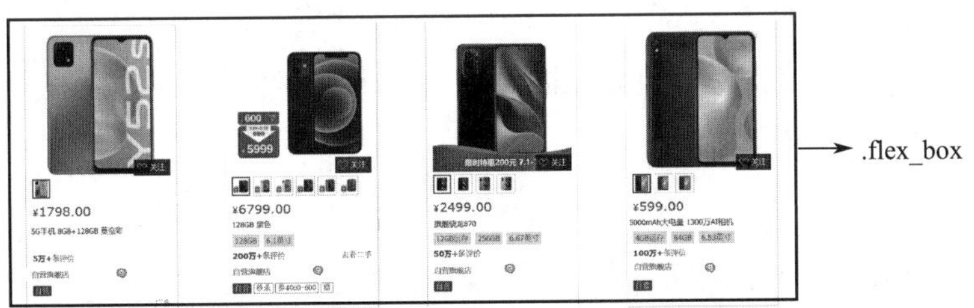

图 3-16　使用弹性盒子进行页面布局效果示例

程序清单 3-11　使用弹性盒子进行页面布局代码样例

```
                    /*----HTML 程序代码 ----*/
<body>
    <div class="flex_box">
        <div class="item">
            <img src="images/1.png" alt="">
        </div>
        <div class="item">
            <img src="images/2.png" alt="">
        </div>
        <div class="item">
            <img src="images/3.png" alt="">
        </div>
        <div class="item">
            <img src="images/4.png" alt="">
        </div>
    </div>
</body>
                    /*----CSS 程序代码 ----*/
<style>
    .flex_box{
        display:flex;// 设置为弹性容器
        flex-direction:row-reverse;// 排列方向为水平且起点在右端
        justify-content:space-around;// 对齐方式为两侧间隔相等
        flex-wrap:wrap;// 堆叠方式为换行且第一行在上方
    }
    .flex_box .item{
```

```
        flex:1;// 自适应布局
    }
</style>
```

三、浮动与定位

CSS 有文档流、浮动、定位三种基本定位机制。文档流是按照元素在文档中的顺序显示；浮动会导致元素脱离文档流，把不用的空间让出来；定位一直是 Web 标准应用中的难点，分为相对定位、绝对定位和固定定位。下面主要介绍浮动、相对定位和绝对定位。

1. 浮动

浮动是浮动元素的框可以向左或向右移动，直到它的外边缘碰到包含框或另一个浮动框的边框为止。元素浮动之后不占据原来的位置（脱标），只影响文档后面的元素。通过浮动，可以让块级元素显示在一行，其基本语法格式如下。

```
float:left  |  right;
```

浮动经常用于文本绕图、制作导航、网页布局等方面。浮动属性是布局中非常重要的属性。需要特别注意的是，当子元素设置了浮动属性之后，如果父元素没有设置高度和宽度，而是由子元素支撑起来，则会导致父元素的高度塌陷（高度被重置为 0），出现此问题，应当在父元素内添加冗余元素 clear:both。

例如，使用浮动定位制作导航条，如图 3-17 所示，设置父盒子（.nav）的背景颜色为 #f5f5f5，高度为 50 px，宽度为 100%，文字大小为 18 px；设置子盒子（.left）靠左浮动且宽度为 400 px；设置子盒子（.right）靠右浮动且宽度为 800 px；同时利用浮动设置文字呈一行显示，且左、右外边距为 20 px，其代码可参考程序清单 3-12。

图 3-17　使用浮动定位制作导航条效果示例

程序清单 3-12　使用浮动定位制作导航条代码样例

```
                    /*----HTML 程序代码 ----*/
<body>
    <div class="nav">
        <div class="left">
            <ul>
            <li class="fon"> 亲，请登录 </li>
            <li> 免费注册 </li>
```

```
            <li> 手机逛淘宝 </li>
            </ul>
        </div>
        <div class="right">
            <ul>
            <li class="fon"> 淘宝网首页 </li>
            <li> 我的淘宝 </li>
            <li class="fon"> 购物车 </li>
            <li> 收藏夹 </li>
            <li> 商品分类 </li>
            <li> 卖家中心 </li>
            <li> 联系客服 </li>
            </ul>
        </div>
    </div>
</body>
                              /*----CSS 程序代码 ----*/
<style>
    *{
        margin:0px;
        padding:0px;
        list-style-image:none;
        list-style-type:none;
    }
    .nav {
        background-color:#f5f5f5;
        height:50px;
        width:100%;
        line-height:50px;
        font-size:18px;
    }
    .nav .fon {
        color:#F60;
    }
    .nav .left {
        float:left;
        width:400px;
    }
    .nav .right {
        float:right;
        width:800px;
    }
    .nav ul li {
        float:left;
```

```
        margin-right:20px;
        margin-left:20px;
    }
</style>
```

2. 相对定位

相对定位是指相对于原来位置移动，元素设置此属性之后仍然处在文档流中，不影响其他元素的布局，一般子元素设置相对定位，父元素设置绝对定位。相对定位基本语法格式如下。

```
position:relative;
```

3. 绝对定位

设置绝对定位，元素以浏览器左上角为基准位置。如果父盒子没有使用定位，子盒子使用绝对定位，子盒子位置是从浏览器出发。如果父盒子使用定位，子盒子使用绝对定位，子盒子位置是从父元素位置出发。绝对定位基本语法格式如下。

```
position:absolute;
```

例如，使用绝对定位制作导航条，如图 3-18 所示，制作一个父盒子（.father），在父盒子里面制作 4 个盒子（.bg、.left、.right、.banner_left），并存放相对应的图片。设置父盒子（.father）为相对定位，宽度为 1 900 px；设置 .banner_left 盒子为绝对定位，上边距为 0 且左边距为 0；设置 .bg 盒子为绝对定位，上边距为 0 且右边距为 0；设置 .left 盒子为绝对定位，左边距为 442 px，上边距为 210 px；设置 .right 盒子为绝对定位，右边距为 70 px，上边距为 210 px，其代码可参考程序清单 3-13。

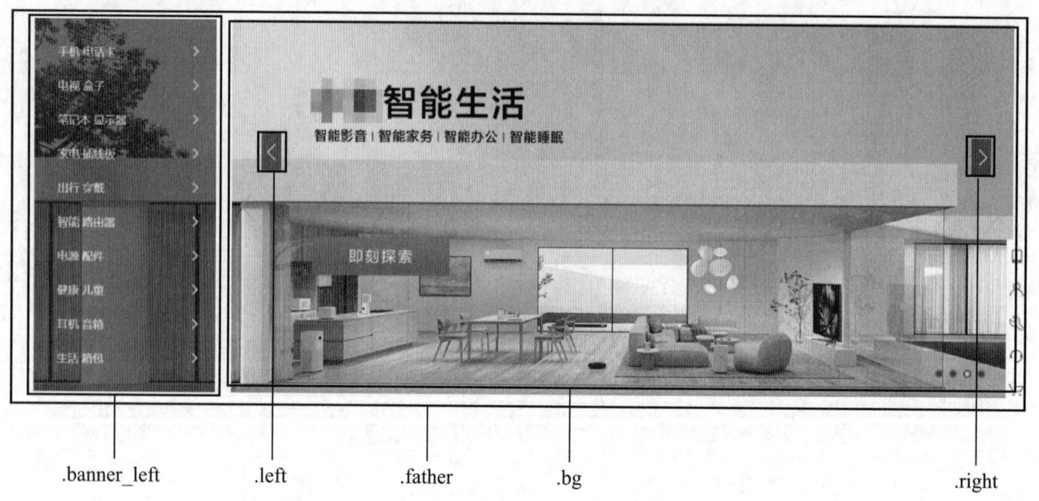

图 3-18　使用绝对定位制作导航条效果示例

程序清单 3-13　使用绝对定位制作导航条代码样例

```
/*----HTML 程序代码 ----*/
<div class="father">
    <div class="bg"><img src="bg.png"></div>
    <div class="banner_left"><img src="banner_left.png"></div>
    <div class="left"><img src="left.png"></div>
    <div class="right"><img src="right.png"></div>
</div>
/*----CSS 程序代码 ----*/
<style type="text/css">
    .father{
        width:1900px;
        position:relative;
        margin:0 auto;
    }
    .banner_left{
        position:absolute;
        top:0;
        left:0;
    }
    .left{
        position:absolute;
        left:442px;
        top:210px;
    }
    .right{
        position:absolute;
        right:70px;
        top:210px;
    }
    .bg{
        position:absolute;
        right:0px;
        top:0px;
    }
</style>
```

任务实施

请运用盒子模型、浮动以及定位等知识，设计如图 3-19 所示的网页布局。

操作提示：

（1）选择合适的 HTML 开发工具。

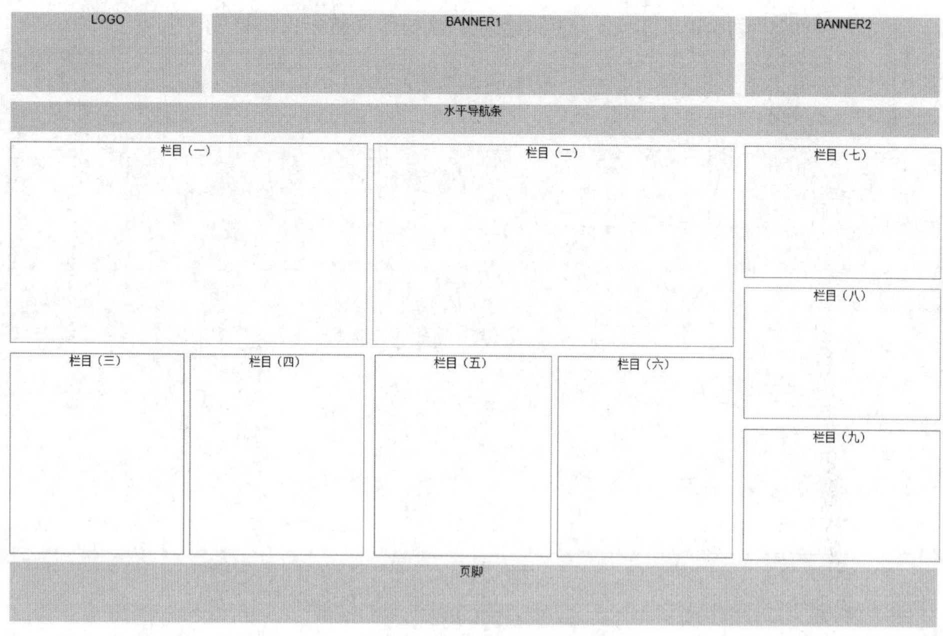

图 3-19　网页布局效果

（2）创建文件 index.html，在网页中创建盒子，并为每个盒子设置宽度、高度以及定位方式。

（3）设置每个盒子的内容及样式，文本居中、字体为宋体、字号为 12 px。

（4）设置 LOGO、BANNER1、BANNER2、水平导航条和页脚的背景颜色为 #DDD，其他的栏目盒子设置为 1 px 且颜色为 #888、实线边框。

其代码可参考程序清单 3-14。

程序清单 3-14　使用盒子模型进行布局、定位代码样例

```
<!DOCTYPE html>
<html>
<head>
<meta charset="UTF-8">
<title>无标题文档</title>
<style>
body{
    margin:0;
    padding:0;
    text-align:center;
    font:12px Arial,宋体;
}
.border{
    border:1px solid #888;
}
```

```
.bgcolor{
   background:#DDD;
}
#container{
   width:960px;
   margin:0 auto;
}
#header{
   float:left;
   width:100%;
}
#logo{
   float:left;
   width:200px;
   height:80px;
}
#banner{
   float:right;
   width:750px;
}
#banner #left{
   float:left;
   width:540px;
   height:80px;
}
.nav{
   float:left;
   height:10px;
   width:100%;
   overflow:hidden;
   clear:both;
}
#banner #right{
   float:right;
   width:200px;
   height:80px;
}
#menu{
   float:left;
   width:100%;
   height:30px;
}
#sidebar{
   float:right;
```

```
    width:200px;
    height:410px;
}
#sidebar .bar{
    float:left;
    width:100%;
    height:130px;
}
#content{
    float:left;
    width:750px;
}
#content .left_box{
    float:left;
    width:370px;
    height:200px;
}
#content .right_box{
    float:right;
    width:370px;
    height:200px;
}
#content .left{
    float:left;
    height:200px;
    width:180px;
}
#content .right{
    float:right;
    height:200px;
    width:180px;
}
#footer{
    float:left;
    width:100%;
    height:60px;
}
</style>
</head>
<body>
    <div id="container">
        <div id="header">
            <div id="logo" class="bgcolor">LOGO</div>
```

```
        <div id="banner">
            <div id="left" class="bgcolor">BANNER1</div>
            <div id="right" class="bgcolor">BANNER2</div>
        </div>
    </div>
    <div class="nav"> </div>
    <div id="menu" class="bgcolor">水平导航条</div>
    <div class="nav"> </div>
    <div id="content">
        <div class="left_box border">栏目（一）</div>
        <div class="right_box border">栏目（二）</div>
        <div class="nav"> </div>
        <div class="left_box">
            <div class="left border">栏目（三）</div>
            <div class="right border">栏目（四）</div>
        </div>
        <div class="right_box">
            <div class="left border">栏目（五）</div>
            <div class="right border">栏目（六）</div>
        </div>
    </div>
    <div id="sidebar">
        <div class="bar border">栏目（七）</div>
        <div class="nav"> </div>
        <div class="bar border">栏目（八）</div>
        <div class="nav"> </div>
        <div class="bar border">栏目（九）</div>
    </div>
    <div class="nav"> </div>
    <div id="footer" class="bgcolor">页脚</div>
  </div>
</body>
</html>
```

思考拓展

请使用弹性盒子实现伸缩布局，显示效果如图 3-20、图 3-21 所示。

操作提示：

（1）在网页中构建一个父级的 div 且类名为 .flex-container。

（2）在网页中构建八个子级的 div 且类名为 .flex-item。

（3）类名为 .flex-container 设置样式如下。

图 3-20 大窗口网页显示效果示例

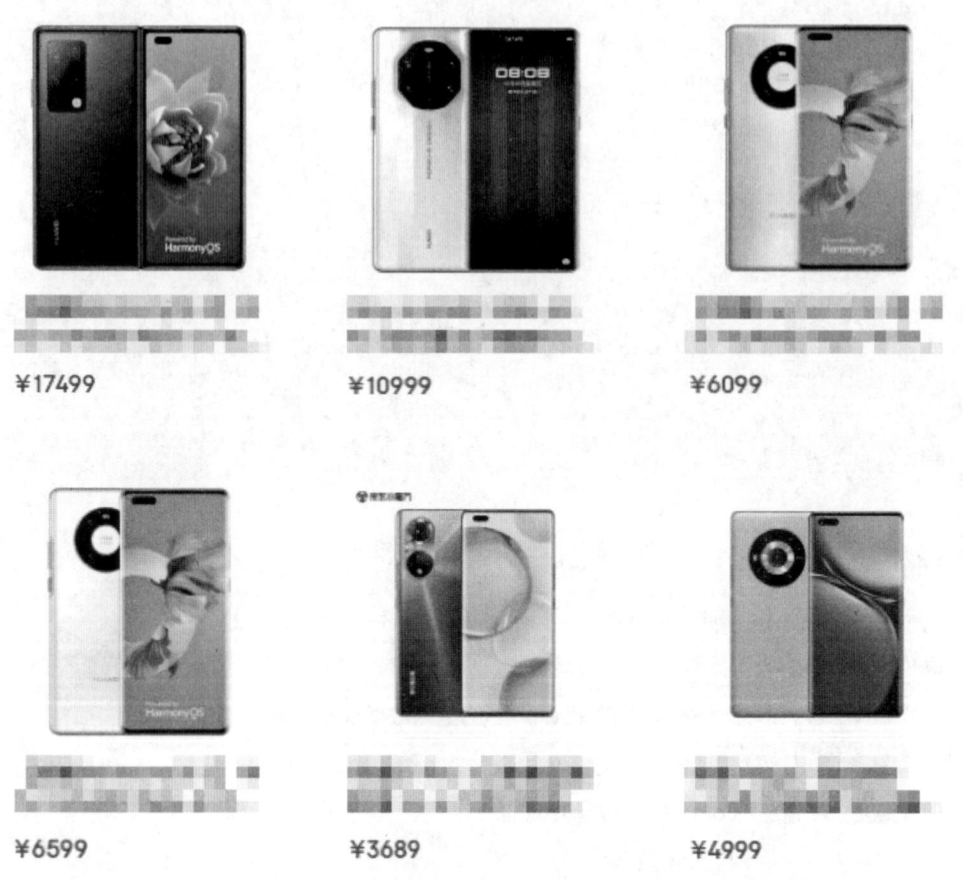

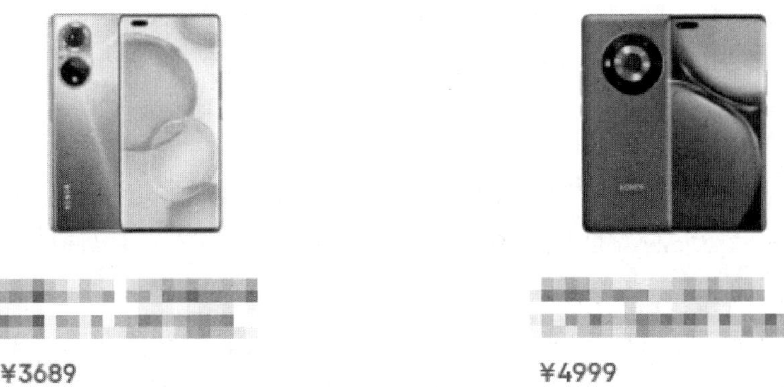

图 3-21　调小窗口后网页显示效果示例

```
{
    display:flex;// 弹性布局
    overflow:hidden;// 元素溢出则隐藏
    flex-wrap:wrap;// 弹性盒子元素必要时换行
}
```

（4）类名为 .flex-item 设置样式如下。

```
{
    width:300px;
    height:300px;
    flex-grow:1;// 剩余空间的分成一等份
}
```

任务三　使用 CSS3 制作文本样式

学习目标

知识目标

1. 熟悉 CSS3 的常用文本样式及其设置方法。
2. 熟悉 CSS3 的边框样式及其设置方法。
3. 熟悉有序列表、无序列表和自定义列表的设置方法。

技能目标

1. 能够应用文本阴影、文本溢出等样式修饰文本效果。
2. 能够应用边框样式制作边框效果。

3. 能够应用列表美化网页元素。

任务分析

网页中的文本样式直接影响网站的整体视觉效果，选择合适的字体大小、字体样式、字体颜色将会增加网页的关注度和吸引度。在网页设计时，可以通过设置文本样式调整网页文字的大小、颜色等，以美化网页。

本任务重点学习使用 CSS3 制作文本样式，通过学习，使学生在理解文本阴影、文本溢出等修饰效果后，能够熟练应用于实践，使文字更加生动，并能熟练设置边框弧度、边框阴影等，以及应用无序列表、有序列表和自定义列表提升网页视觉效果，凸显文字信息。

相关知识

一、文本样式

网页设计离不开文本样式设计，文本样式能够突出网页设计的风格。CSS3 新增了许多文本属性，在这些属性中比较重要的有为文字添加阴影的 text-shadow，设置文本溢出样式的 text-overflow，强制对单词进行换行处理的 word-wrap 等属性。

1. 文本阴影

text-shadow 属性没有出现时，一般都是用 Photoshop 做阴影效果，现在可以直接设置该属性以达到想要的效果，为网页文字增加质感。

text-shadow 属性有 4 个字段值，其语法格式如下。

```
text-shadow:h-shadow v-shadow blur color;
```

text-shadow 字段值含义见表 3-11。

表 3-11　　text-shadow 字段值含义

字段值	含义	必选 / 可选
h-shadow	表示水平阴影的位置，允许为负值，正值为偏右，负值为偏左	必选
v-shadow	表示垂直阴影的位置，允许为负值，正值为偏下，负值为偏上	必选
blur	模糊的距离	可选
color	阴影的颜色	可选

例如，设置文本阴影样式，如图 3-22 所示，设置文本居中，字体加粗，字号为 50 px，字体颜色为白色（#FFF），设置水平和垂直阴影的位置为 0.1 em，模糊距离为 0.2 em，

图 3-22　设置文本阴影样式效果示例

阴影颜色为 #999，其代码可参考程序清单 3-15。

程序清单 3-15　设置文本阴影样式代码样例

```
                    /*----CSS 程序代码 ----*/
<style>
   p{
      text-align:center;// 文本居中
      font:bold 50px;
      color:#FFF;
      text-shadow:0.1em 0.1em 0.2em #999;// 文本阴影
   }
</style>
```

2. 文本溢出

text-overflow 属性避免了网页中文字太多而超出容器的问题，规定当文本溢出包含元素时的显示情况，其语法格式如下。

```
text-overflow:clip | ellipsis | string;
```

text-overflow 字段值含义见表 3-12。

表 3-12　text-overflow 字段值含义

字段值	含义
clip	修剪文本
ellipsis	显示省略符号来代表被修剪的文本
string	使用给定的字符串代表被修剪的文本

例如，设置盒子（.test）的宽度为 30em，文本不自动换行且溢出隐藏，边框为黑色实线、1 像素，如果文本溢出，可以直接修剪文本（text-overflow:clip），或将溢出部分用省略号代替（text-overflow:ellipsis），显示效果如图 3-23 所示。此外，可以对盒子设置 text-overflow:inherit；和 overflow:visible；两个属性，实现当鼠标移至盒子（.test）上即可查看完整文本的效果，其代码可参考程序清单 3-16。

鼠标移过，显示内容

设置text-overflow:ellipsis以后

| 电子商务作为经济发展的关键动力，已全方位融入经济社会大动脉... | → .tes

设置text-overflow:clip以后

| 电子商务作为经济发展的关键动力，已全方位融入经济社会大动脉， | → .tes

图 3-23　设置文本溢出样式效果示例

程序清单 3-16　使用 text-overflow 设置文本溢出样式代码样例

```
                    /*----HTML 程序代码 ----*/
<body>
    <p><strong> 鼠标移过，显示内容 </strong></p>
    <p><strong> 设置 text-overflow:ellipsis 以后 </strong></p>
    <div class="test" style="text-overflow:ellipsis;">
    电子商务作为经济发展的关键动力，已全方位融入经济社会大动脉，对实体经济由渠道驱动向
    数字驱动转变，开启了以数字化、智能化、网络化为特征的数字经济新时代。
    </div>
    <p><strong> 设置 text-overflow:clip 以后 </strong></p>
    <div class="test" style="text-overflow:clip;">
    电子商务作为经济发展的关键动力，已全方位融入经济社会大动脉，对实体经济由渠道驱动向
    数字驱动转变，开启了以数字化、智能化、网络化为特征的数字经济新时代。
    </div>
</body>
                    /*----CSS 程序代码 ----*/
<style>
    div .test{
        white-space:nowrap;// 禁止自动换行
        width:30em;
        overflow:hidden;
        border:1px solid #000000;
    }
    div.test:hover{
        text-overflow:inherit;
        overflow:visible;
    }
</style>
```

二、边框样式

CSS3 新增了三个边框效果设置，分别是圆角边框效果、添加阴影效果和图片绘制边框效果。其中边框圆角（border-radius）、边框阴影（box-shadow）属性应用十分广泛，兼容性也相对较好，符合渐进增强的原则。

1. 边框圆角

border-radius 属性很常用，通过设置元素的 border-radius 值，可以给元素设置圆角边框，其语法格式如下。

```
border-radius:1-4 length|% / 1-4 length|%;
```

例如，使用 border-radius 设置边框样式，如图 3-24 所示，设置盒子（.box）的宽度为 600 px，左右居中且上外边距为 50 px，为图片设置水平半径弧度值为 70%、30%、30%、70%，设置垂直半径弧度值为 60%、40%、60%、40%，其代码可参考程序清

单 3-17。

图 3-24　使用 border-radius 设置边框样式效果示例

程序清单 3-17　使用 border-radius 设置边框样式代码样例

```
/*----HTML 程序代码 ----*/
<body>
    <div class="box">
        <ul>
            <li>
                <p> 原图片 </p>
                <img src="images/1.jpg">
            </li>
            <li>
                <p> 变换后的图片 </p>
                <img class="radius" src="images/1.jpg">
            </li>
        </ul>
    </div>
</body>
/*----CSS 程序代码 ----*/
<style>
    .box{
        width:600px;
        margin:50px auto;
    }
    img{
        width:150px;
        height:150px;
    }
    li{
        float:left;
        margin-right:100px;
        list-style-type:none;
        text-align:center;
    }
```

```
    .radius {
        border-radius:70% 30% 30% 70% / 60% 40% 60% 40%;
    }
</style>
```

2. 边框阴影

box-shadow 属性的设置不会改变网页盒子的大小，也不会影响其相关元素的布局。可以通过设置多重边框阴影增强立体效果，其语法格式如下。

```
box-shadow:h-shadow v-shadow blur spread color inset;
```

box-shadow 字段值含义见表 3-13。

表 3-13　box-shadow 字段值含义

字段值	含义	必选 / 可选
h-shadow	表示水平阴影的位置，允许为负值	必选
v-shadow	表示垂直阴影的位置，允许为负值	必选
blur	模糊的距离	可选
spread	阴影的尺寸	可选
color	阴影的颜色	可选
inset	将外部阴影改为内部阴影	可选

例如，使用 box-shadow 设置边框阴影，如图 3-25 所示，设置盒子的宽度为 200 px，高度为 50 px，左右居中且上外边距为 20 px，2 像素的白色实线圆角边框（圆角值为 border-radius:10 px），同时设置盒子水平阴影为 0，垂直阴影为 10 px，模糊距离为 40 px，阴影的尺寸为 5 px，颜色为白色；文本居中且大小为 30 px，文本颜色为白色，其代码可参考程序清单 3-18。

图 3-25　使用 box-shadow 设置边框阴影效果示例

程序清单 3-18　使用 box-shadow 设置边框阴影代码样例

```
                    /*----CSS 程序代码 ----*/
<style>
    div{
        width:200px;
        height:50px;
```

```
        margin:20px auto;
        font-size:30px;
        line-height:45px;
        text-align:center;
        color:#fff;
        border:2px solid #fff;
        border-radius:10px;
        box-shadow:0 10px 40px 5px #fff;
    }
</style>
```

三、列表类型

在书写 HTML 文件时，遇到相同类型的内容，需要考虑用列表来实现（导航、排名、相关文章等）。通常使用的列表有无序列表、有序列表和自定义列表 3 种。

1. 无序列表

无序列表的各个列表项之间没有顺序级别之分，是并列的，其基本语法格式如下。

```
<ul  type=value>
    <li>列表项 1</li>
    <li>列表项 2</li>
    <li>列表项 3</li>
    ......
</ul>
```

格式说明：<ul></ul> 标签用于定义无序列表，<li></li> 标签嵌套在 <ul></ul> 标签中，用于描述具体的列表项，每对 <ul></ul> 中至少应包含一对 <li></li>。无序列表中 type 属性的常用值有 3 个，它们呈现的效果不同，当 type="square" 时，列表值前会显示小方块；当 type="disc" 时，列表值前会显示实心小圆圈；当 type="circle" 时，列表值前会显示空心小圆圈。

例如，使用 ul 和 li 编写导航条，且类型为 none，如图 3–26 所示，设置导航条文字呈一行显示，大小为 30 px，水平、垂直居中于宽为 200 px 且高为 50 px 的盒子内；盒子边框为 2 px 的白色实线，边框弧度为 10 px；盒子间距离为 5 px，盒子背景颜色为 #f46；盒子水平阴影为 0，垂直阴影为 5 px，模糊距离为 5 px，颜色为 #f46，其代码可参考程序清单 3–19。

图 3–26　无序列表应用效果示例

程序清单 3-19　无序列表应用代码样例

```
                    /*----HTML 程序代码 ----*/
<body>
    <div class="box">
        <ul type="none">
            <li> 主页 </li>
            <li> 新闻中心 </li>
            <li> 产品信息 </li>
            <li> 联系我们 </li>
        </ul>
    </div>
</body>
                    /*----CSS 程序代码 ----*/
<style type="text/css">
    li{
        float:left;
        width:200px;
        height:50px;
        margin:30px 5px;
        font-size:30px;
        line-height:45px;
        text-align:center;
        color:#fff;
        border:2px solid #fff;
        border-radius:10px;
        background:#f46;
        box-shadow:0 5px 5px #f46;
    }
</style>
```

2. 有序列表

有序列表即有排列顺序的列表，各个列表项按照一定的顺序排列定义，其基本语法格式如下。

```
<ol  type=value1  start=value2>
    <li> 项一 </li>
    <li> 项二 </li>
</ol>
```

格式说明：<ol></ol> 标签用于定义有序列表，<li></li> 为具体的列表项。和无序列表类似，每对 <ol></ol> 中也至少应包含一对 <li></li>。value1 表示有序列表项目符号的类型，value2 表示项目开始的数值。start 是编号开始的数字，如 start=2，则编号从 2 开始，如果从 1 开始可以省略，或是在 <li> 标签中设定 value="n" 改变列表行项目的特定编号，如 <li value="7">。type= 用于编号的数字、字母等的类型，如 type=a，则编号用英文字母。type 的属性见表 3–14，可以把它们放在 <ol> 或 <li> 的初始标签中。

表 3–14　type 属性

type 类型	描述
type=1	表示列表项目用数字表示（1，2，3...）
type=a	表示列表项目用小写字母表示（a，b，c...）
type=A	表示列表项目用大写字母表示（A，B，C...）
type=i	表示列表项目用小写罗马数字表示（i，ii，iii...）
type=I	表示列表项目用大写罗马数字表示（I，II，III...）

例如，使用 ol 和 li 编写列表，如图 3–27 所示，其代码可参考程序清单 3–20。

2008年奥运会金牌排名表

1. 中国
2. 美国
3. 俄罗斯

图 3–27　有序列表应用效果示例

程序清单 3–20　有序列表应用代码样例

```
/*----HTML 程序代码 ----*/
<body>
    <p>2008 年奥运会金牌排名表 </p>
    <ol>
        <li> 中国 </li>
        <li> 美国 </li>
        <li> 俄罗斯 </li>
    </ol>
</body>
```

3. 自定义列表

自定义列表常用于对术语或名词进行解释和描述，定义列表的列表项前没有任何项目符号，其基本语法格式如下。

```
<dl>
    <dt> 名词 1</dt>
    <dd> 名词 1 解释 1</dd>
    <dd> 名词 1 解释 2</dd>
    ……
```

```
    <dt> 名词 2</dt>
    <dd> 名词 2 解释 1</dd>
    <dd> 名词 2 解释 2</dd>
    ……
</dl>
```

例如，使用 dl、dt、dd 编写列表，如图 3-28 所示，其代码可参考程序清单 3-21。

帮助中心

购物指南

订单操作

账户管理

图 3-28　自定义列表应用效果示例

程序清单 3-21　自定义列表应用代码样例

```
/*----HTML 程序代码 ----*/
<body>
    <dl>
        <dt> 帮助中心 </dt>
        <dd> 购物指南 </dd>
        <dd> 订单操作 </dd>
        <dd> 账户管理 </dd>
    </dl>
</body>
```

任务实施

请灵活应用文本样式和列表类型，实现如图 3-29 所示效果。

图 3-29　导航条效果示例

操作提示：

（1）界面中的图片作为背景图片放入相对定位的盒子中。

（2）导航条使用 ul 和 li 放入绝对定位的盒子中。

（3）导航文字颜色为 #720000，背景颜色为 #ffd76d，背景阴影为 −1 px −1 px 1 px #000，1 px 1 px 1 px #fff。

（4）鼠标移过时导航条文字的背景颜色变为白色。

思考拓展

请灵活应用列表类型，实现如图 3−30 所示效果。

图 3−30　购物网站主页效果示例

操作提示：

（1）利用 ul 和 li 搭建高为 40 px 的顶部导航条结构，设置 2 px、颜色为 #F00 的实线下边框。

（2）利用 ul 和 li 搭建宽为 180 px 且高为 450 px 的左侧导航条结构，设置背景颜色为 #FF8080 或 #F00，导航条的每个类目高为 37 px、字体大小为 14 px。

（3）图片区域的宽为 700 px、高为 450 px，插入相对应的图片并设置浮动。

（4）利用 dl、dt、dd 制作网页底部区域。

任务四　使用 CSS3 制作动画效果

学习目标

知识目标

1. 掌握过渡效果及其基本属性的设置。
2. 掌握图形转换效果及其基本属性的设置。
3. 熟悉动画效果的实现方法及其基本属性的设置。

技能目标

1. 能够设置网页过渡效果。
2. 能够设置网页动画效果。

任务分析

在网页设计中添加动画效果可以使网页更加生动，增加吸引力。

使用 CSS3 制作动画效果，可以取代许多网页中的动态图像、Flash 动画和 JavaScript 实现的效果。本任务重点学习使用 CSS3 制作动画效果，通过学习，使学生掌握网页过渡、图形转换、动画等效果的制作。

相关知识

一、过渡效果

过渡（transition）是指某个元素从一种状态变换到另一种状态的过程。可以使用 CSS3 设置过渡属性来实现元素不同状态间的平滑过渡效果。

1. 过渡属性的设置

transition 是复合属性，主要包含 4 个子属性（见表 3–15）。

表 3–15　　过渡属性

属性	含义
transition	简写属性，用于设置 4 个过渡属性
transition–property	定义应用过渡的 CSS 属性的名称，默认值是 all
transition–duration	定义完成过渡效果需要花费的时间，默认值是 0
transition–timing–function	定义过渡效果的时间曲线，默认值是 ease
transition–delay	定义过渡效果开始的时间，默认值是 0

transition-timing-function 属性其实就是定义用户想要的动画方式，其属性值包括以相同速度开始至结束的过渡（linear），以慢速开始然后变快的过渡（ease），以慢速开始的过渡（ease-in），以慢速结束的过渡（ease-out）、以慢速开始和结束的过渡（ease-in-out），可以在 cubic-bezier（n，n，n，n）函数中定义相应的值以实现过渡。

2. 过渡效果的实现

要实现过渡效果，必须规定两项内容，一是定义要添加效果的 CSS 属性，二是定义效果的持续时间。添加多个属性应用逗号隔开。

例如，制作 3 个宽为 100 px 和高为 50 px 的盒子，如图 3-31 所示，下边框设置为 1 像素、红色的实线，通过 transition 设置下边框的 0.5 s 动画和背景颜色的 0.5 s 动画，实现鼠标移过盒子时下边框加粗且背景颜色变为灰色的效果，其代码可参考程序清单 3-22。

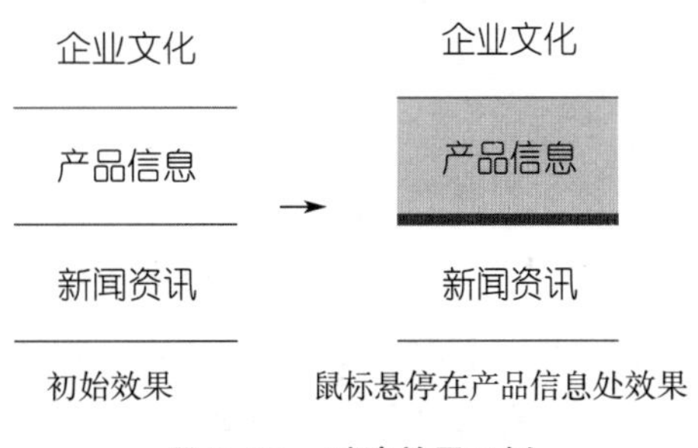

图 3-31　过渡效果示例

程序清单 3-22　过渡效果代码样例

```
/*----HTML 程序代码 ----*/
<body>
    <div> 企业文化 </div>
    <div> 产品信息 </div>
    <div> 新闻资讯 </div>
</body>
/*----CSS 程序代码 ----*/
<style>
    div{
        width:100px;
        height:50px;
        line-height:50px;
        text-align:center;
        border-bottom:solid 1px red;
        transition:border-bottom 0.5s,background 0.5s;
    }
    div:hover{
        border-bottom:solid 5px red;
        background-color:#CCC;
    }
</style>
```

二、图形转换效果

转换（transform）是 CSS3 新增的属性，可以实现元素的位移、旋转、变形、缩放等效果，配合过渡和动画使用，可以实现许多以前只能靠 Flash 才可以实现的效果。

1. 2D 转换

使用 CSS3 的移动（translate）、旋转（rotate）、缩放（scale）、倾斜（skew）、矩阵（matrix）等功能可以实现 2D 转换效果。

移动是指通过改变网页元素 x 和 y 的值，实现该元素从当前位置移动到（x，y）的位置，其中，x 和 y 可以为负值，单位可以是像素或百分比。需要注意的是，y 轴朝下的是正方向。

旋转是指让网页元素在二维平面内，按给定角度进行顺时针或逆时针旋转，当 deg 为正值时网页元素顺时针旋转，当 deg 为负值时网页元素逆时针旋转。当元素旋转后，坐标轴也会随之发生转变，可以通过调整顺序，即把旋转放到最后，解决这个问题。

缩放是指对网页元素进行水平和垂直方向的缩放。x、y 的取值可为小数，不可为负值。通过缩放可以对网页元素进行等比例放大和缩小，还可以指定物体缩放中心。

例如，制作 3 个盒子存放图片，且呈一行显示，如图 3-32 所示，边框设置为 1 像素、黑色的实线，每个盒子的间距为 30 px，通过 transition 设置 1 s 动画，实现鼠标移过后盒子向上移动 10%，其代码可参考程序清单 3-23。

手机频道

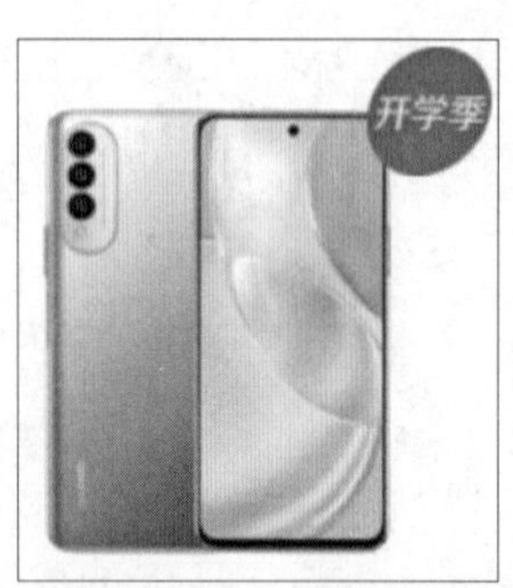

图 3-32　鼠标移过图片向上移动效果示例

程序清单 3-23　鼠标移过图片向上移动代码样例

```
/*----HTML 程序代码 ----*/
<body>
    <span> 手机频道 </span>
    <div><img src="images/3-1.jpg" width="286" height="309"></div>
    <div><img src="images/3-2.jpg" width="286" height="309"></div>
    <div><img src="images/3-3.jpg" width="286" height="309"></div>
</body>
/*----CSS 程序代码 ----*/
<style>
    div{
```

```
        border:1px solid #000;
        float:left;
        margin-right:30px;
        transition:all 1s;
    }
    div:hover{
        transform:translate(0,-10%);
    }
    span {
        display:block;
        width:1000px;
        border-bottom:2px solid #000;
        margin-bottom:50px;
        padding-bottom:5px;
    }
</style>
```

2. 3D 转换

使用 CSS3 的移动（translateX、translateY、translateZ），旋转（rotateX、rotateY、rotateZ），透视（perspective），3D 呈现（transform-style）等功能可以实现 3D 转换。3D 转换所使用的坐标系和左手坐标系有一些差异。

（1）左手坐标系

伸出左手，让拇指和食指呈“L”形，拇指向右，食指向上，中指指向前方，就建立了一个左手坐标系。拇指、食指和中指分别代表 *X* 轴、*Y* 轴、*Z* 轴的正方向，如图 3-33 所示。

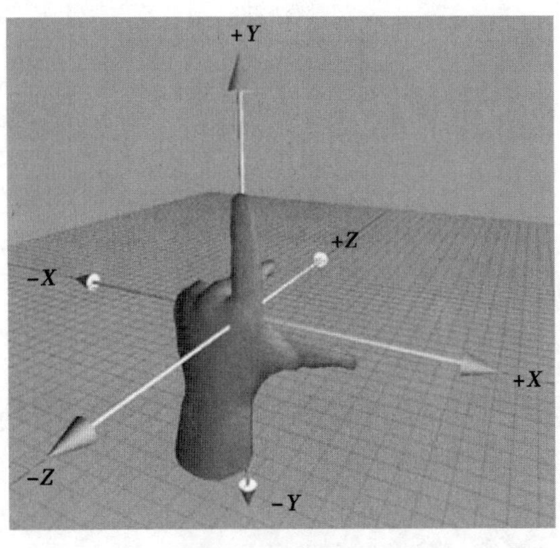

图 3-33　左手坐标系

（2）CSS3 中的 3D 坐标系

CSS3 中的 3D 坐标系与左手坐标系是有一定区别的，相当于其绕着 *X* 轴旋转了 180 度，如图 3–34 所示。

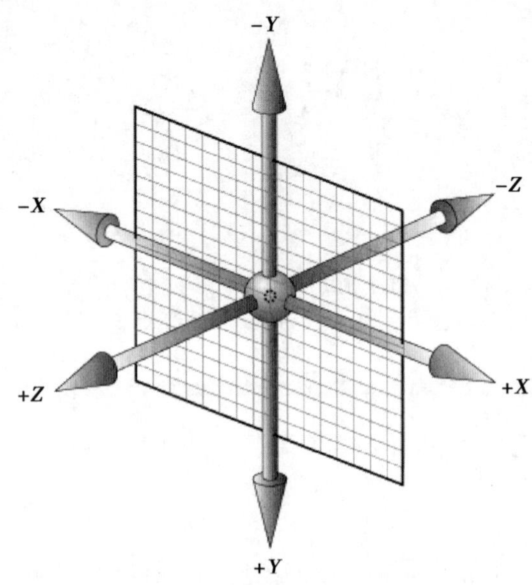

图 3–34　3D 坐标系

（3）3D 转换的移动和旋转

translateX（x）、translateY（y）、translateZ（z）定义的 3D 位移，设置元素向 *X* 或 *Y* 或 *Z* 的方向分别平移 *x*、*y*、*z* 个单位。其中，translateZ（）必须配合透视使用。rotateX（angle）、rotateY（angle）、rotateZ（angle）定义的 3D 旋转，设置元素围绕 *X* 轴或 *Y* 轴或 *Z* 轴旋转，其中，angle 是一个角度值，主要用来指定元素在 3D 空间旋转的角度，正数表示元素顺时针旋转，负数表示元素逆时针旋转。

例如，制作 3 个宽为 100 px、高为 50 px 的盒子，如图 3–35 所示，下边框设置为 1 像素、红色的实线，通过 transition 设置 1 s 动画，实现鼠标移过后盒子向右移动 30 px 的效果，其代码可参考程序清单 3–24。

企业文化

产品信息

新闻资讯

图 3–35　鼠标移过图片向右移动效果示例

程序清单 3–24　鼠标移过图片向右移动代码样例

```
/*----HTML 程序代码 ----*/
<body>
    <div> 企业文化 </div>
    <div> 产品信息 </div>
    <div> 新闻资讯 </div>
```

```
</body>
                                /*----CSS 程序代码 ----*/
<style>
    div{
        width:100px;
        height:50px;
        line-height:50px;
        text-align:center;
        border-bottom:solid 1px red;
        transition:all 1s;
    }
    div:hover{
        transform:translateX(30px);
    }
</style>
```

（4）透视

计算机显示屏是 2D 平面，图像之所以具有立体感（3D 效果），其实只是一种视觉呈现，通过透视可以将一个 2D 平面，经过转换呈现 3D 效果。透视语法格式如下。

```
Perspective: number  |  none ;
```

其中，number 表示元素距离视图的距离，以像素为单位；none 是默认值，与 0 相同，表示不设置透视。

透视有两种写法，当为元素定义 perspective-origin 属性时，其子元素会获得透视效果，而不是元素本身；当为元素定义 perspective 属性时，其作为 transform 属性的一个值，作用于元素自身。

例如，制作 3 个宽为 290 px、高为 310 px 的盒子，盒子呈一行显示且每个盒子之间相距 100 px，如图 3-36 所示。设置盒子边框为 1 px 的黑色实线，设置盒子向右移动 20 px 且绕 *Y* 轴旋转 −10 deg；设置网页透视属性 perspective 为 400 px；实现 3 个盒子透视显示，当鼠标移过，盒子位置复原，其代码可参考程序清单 3-25。

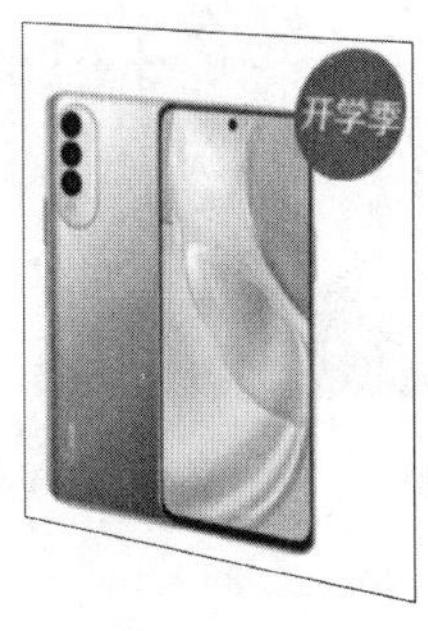

图 3-36　图片透视样式效果示例

程序清单 3-25 图片透视样式代码样例

```
                    /*----HTML 程序代码 ----*/
<body>
   <div><img src="images/3-1.jpg" width="286" height="309"></div>
   <div><img src="images/3-2.jpg" width="286" height="309"></div>
   <div><img src="images/3-3.jpg" width="286" height="309"></div>
</body>
                    /*----CSS 程序代码 ----*/
<style>
   body{
      perspective:400px;
   }
   div{
      width:290px;
      height:310px;
      margin-left:100px;
      margin-top:100px;
      float:left;
      border:1px solid #000;
      transform:translateX(20px)rotateY(-10deg);
   }
   div:hover{
      transform:rotateZ(360deg);
   }
</style>
```

（5）3D 呈现

3D 呈现规定了网页元素如何在 3D 空间中显示，其语法格式如下。

```
Trasform-style:flat | preserve-3d;
```

其中，flat 表示所有子元素在 2D 平面显示，preserve-3d 表示所有子元素在 3D 空间中显示。

例如，制作两个嵌套的盒子，如图 3-37 所示，两个盒子的宽为 350 px、高为 300 px，父盒子的背景颜色为 #F00 且绕 *Y* 轴旋转 66 deg，子盒子的背景颜色为 #30F 且绕 *X* 轴旋转 132 deg，此外，设置父盒子的所有子元素在 3D 空间中显示，其代码可参考程序清单 3-26。

图 3-37 3D 样式效果示例

程序清单 3-26　3D 样式代码样例

```
                    /*----HTML 程序代码 ----*/
<body>
    <div class="out">
        <div class="in"></div>
    </div>
</body>
                    /*----CSS 程序代码 ----*/
<style>
    .out{
        width:350px;
        height:300px;
        transform:rotateY(66deg);
        transform-style:preserve-3d;
        background-color:#F00;
    }
    .in{
        width:350px;
        height:300px;
        transform:rotateX(132deg);
        background-color:#30F;
    }
</style>
```

三、动画效果

动画（animation）是 CSS3 新增的属性，可以通过设置多个节点来精确控制一个或一组动画，常用来实现复杂的动画效果。通过 @keyframes 指定动画序列，利用百分比将动画序列分割成多个节点，并在各节点中分别定义各属性，最后将动画应用于相应元素，实现网页动画效果。

1. 动画属性的设置

animation 属性是一个复合属性，用于检索或设置对象所应用的动画特效（见表 3-16）。

表 3-16　animation 属性

属性	含义
animation-name	动画序列名称
animation-duration	动画持续时间
animation-delay	动画延时时间
animation-timing-function	动画执行速度，取值有 linear、ease 等

续表

属性	含义
animation-play-state	动画播放状态，取值有 running、paused 等
animation-direction	动画逆播，取值有 normal、alternate 等
animation-fill-mode	动画执行完毕后状态，取值有 forwards、backwards 等
animation-iteration-count	动画播放次数，取值有 n、inifinate 等
steps ( )	表示动画分多少步完成

2. 动画效果的实现

要创建 CSS3 动画，需要先了解 @keyframes 规则。当在规则内定义样式后，会使元素逐步从目前的样式更改为新的样式。当在规则内创建动画，要把它绑定到一个选择器，即规定动画的名称和动画的时长。

图 3–38　动画效果示例

例如，给一个宽为 250 px、高为 250 px 且背景颜色为绿色的盒子添加名字为 move 的动画，如图 3–38 所示，规定动画向 *X* 轴移动 500 px，并旋转 345 deg，设置动画的持续时间为 3 s，动画播放次数为 1 次，动画的方向为反向，保持动画结束状态，动画运动曲线分 8 步展示，其代码可参考程序清单 3–27。

程序清单 3–27　动画效果代码样例

```
                    /*----HTML 程序代码 ----*/
<body>
    <div class="box">
        <div class="d1">
            <img src="images/ncn1.png" width="100" height="100">
        </div>
        <div class="d2">
            <img src="images/ncn2.png" width="100" height="100">
        </div>
        <div class="d3">
            <img src="images/ncn3.png" width="100" height="100">
        </div>
        <div class="d4">
            <img src="images/ncn4.png" width="100" height="100">
        </div>
    </div>
</body>
```

```
/*----CSS 程序代码 ----*/
<style>
    .box{
        width:250px;
        height:250px;
        background-color:green;
        margin:100px;
        animation-name:move;
        animation-duration:3s;
        animation-iteration-count:1;
        animation-direction:alternate;
        animation-fill-mode:forwards;
        animation-timing-function:steps(8);
    }
    @keyframes move{
        0%{
        }
        100%{
            transform:translateX(500px)rotate(345deg);
        }
    }
</style>
```

任务实施

请结合 CSS3 的 3D 转换等技术，实现鼠标移至导航条后出现如图 3–39 所示效果。

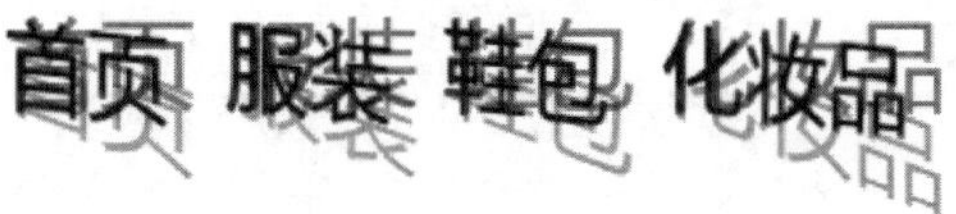

图 3–39　导航条 3D 转换效果

操作提示：

（1）使用 data–text 设置阴影文字，如 <span data–text=" 首页 "> 首页 </span>。

（2）使用伪类选择器设置 z–index 的值和 transform 的值。

思考拓展

请使用 CSS3 模拟宇宙行星运动轨迹，实现如图 3–40 所示动画效果。

操作提示：

（1）所有的星球轨道和星球都进行绝对定位或相对定位。

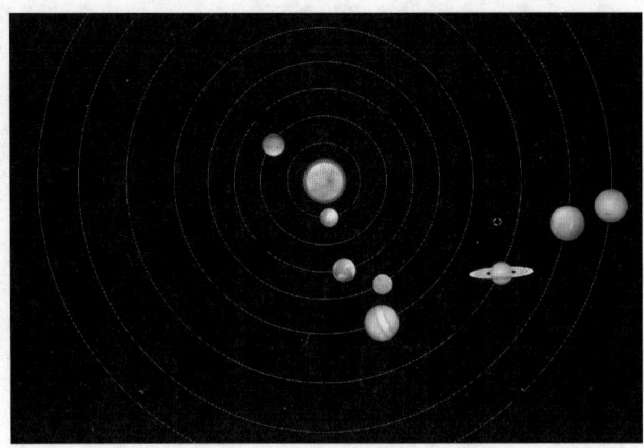

图 3-40　宇宙行星运动轨迹

（2）星球轨道使用 border-radius 绘制圆角边框。

（3）星球旋转使用 animation 绘制。

项目四　网页特效制作

项目引入

网页特效是指用程序代码在网页中实现特殊效果或者特殊功能的技术。在电子商务网站中常见的特效包括图片放大、轮播广告及浮动广告等。可以借助HTML、CSS、JavaScript 等来编写程序代码，根据网页功能需要制作特效，强化视觉效果，展示电子商务网站的营销内容，带给用户更好的浏览体验。

任务一　图片放大特效制作

学习目标

知识目标

1. 掌握图像 transform 属性及其语法规则。
2. 理解 JavaScript 中获取事件源、绑定事件、引发事件驱动程序的关系。
3. 掌握 JavaScript 三要素的使用规则。

技能目标

1. 能够应用 transform 属性实现图片放大特效。
2. 能够应用 JavaScript 实现图片放大特效。

任务分析

图片放大是网页特效中常用的功能，尤其是在电子商务网站中，放大处理能够让用户了解物品的每个细节，更好地提升购物体验。常见的放大特效是鼠标悬停在一张图片上，该图片会慢慢放大，当鼠标移开的时候，图片恢复原来的样子。本任务重点学习图片放大特效的制作。

相关知识

一、图片放大效果解析

商品展示是电子商务网站一个基本且十分重要的功能，网页元素放大效果可以凸显商品，让用户更详细地了解产品，增加用户停留时长。

图片放大一般有两种方法。一是通过 transform:scale (n) 实现，其中 n 表示放大的倍数，这是一种极其简单便捷的方法，但其灵活性较差。二是通过 JavaScript 实现，利用 JavaScript 三步法，即获取事件源、绑定事件、引发事件驱动程序来完成图片的放大。JavaScript 是以事件驱动为核心的一门语言，包括事件源、事件、事件驱动程序三要素。事件源是指引发后续事件的 HTML 标签，事件是 JavaScript 已经定义好的，事件驱动程序是对样式和 HTML 的操作程序。例如，某人用手去按开关，灯亮了。在这件事情里，事件源是手，事件是按开关，事件驱动程序是灯的开和关。同理，网页上弹出一个广告，当点击右上角的关闭按钮时，广告就会关闭。在这件事情里，事件源是关闭按钮，事件是点击，事件驱动程序是广告关闭。

二、实现图片放大关键技术

1. 使用 transform 属性实现图片放大效果

在 CSS3 中，transform 属性可以实现网页元素的变形效果，是一系列变形效果的集合，应用于 2D 或 3D 转换。该属性允许对元素进行旋转、缩放、移动或倾斜，具有无须加载额外文件，提高网站设计开发人员工作效率和加快页面执行速度等优势。transform 属性的基本语法格式如下。

```
transform:none|transform-functions;
```

其中，transform 属性的默认值为 none，适用于行内元素和块元素，表示元素不进行变形。transform-function 用于设置变形，可以是一个或多个变形样式，主要包括 translate、scale、skew 和 rotate，具体说明如下。

translate：移动元素对象，即基于 *X* 和 *Y* 坐标重新定位元素。

scale：缩放元素对象，可以使任意元素对象尺寸发生变化，取值包括正数、负数和小数。

skew：倾斜元素对象，取值为一个度数值。

rotate：旋转元素对象，取值为一个度数值。

图片放大主要使用 transform 中的 scale 实现，通过设置鼠标移过元素对象尺寸变大来展示图片细节。

例如，制作 4 个盒子存放图片，且呈一行显示，如图 4–1 所示，边框设置为 1 像素、黑色的实线，每个盒子之间的间距为 30 px，当鼠标移过盒子时，设置 scale（1.1，1.1）实现图片在 x 和 y 两个方向，各放大 10% 的效果，该效果过渡时间为 1 s，其代码可参考程序清单 4–1。

农产品频道

图 4–1　使用 transform 属性实现图片放大效果示例

程序清单 4–1　使用 transform 属性实现图片放大代码样例

```
                    /*----HTML 程序代码 ----*/
<body>
   <span> 农产品频道 </span>
   <div><img src="image/01.jpg" width="200" height="180"></div>
   <div><img src="image/02.jpg" width="200" height="180"></div>
   <div><img src="image/03.jpg" width="200" height="180"></div>
   <div><img src="image/04.jpg" width="200" height="180"></div>
</body>
                    /*----CSS 程序代码 ----*/
<style>
   div{
      border:1px solid #000;
      float:left;
      margin-right:30px;
      transition:all 1s;
   }
   div:hover{
      transform:scale(1.1,1.1);
   }
   span {
      display:block;
      width:1000px;
      border-bottom:2px solid #000;
      margin-bottom:50px;
      padding-bottom:5px;
   }
</style>
```

2. 使用 JavaScript 实现图片放大效果

JavaScript 简称 JS，是属于 HTML 和 Web 的编程语言，也是一种基于对象和事件驱动的安全性好的脚本语言，在客户端运行，从而减轻服务器端的负担。

在网页中引入 JavaScript 有 3 种方式，一是使用 <Script></Script> 标签内部样式，二是直接引入外部 JavaScript 文件，三是作为 HTML 标签中的行内样式引入。JavaScript 的作用是实现页面表单验证和实现页面交互特效。

JavaScript 具有以下特点。第一，被设计用来向 HTML 页面添加交互行为。第二，是一种互联网上最流行的脚本语言。第三，一般用于编写客户端脚本。第四，是一种解释性语言。

网页中的每个元素都可以产生某些可以触发 JavaScript 函数的事件。例如，可以通过 document.getElementById（"box"）获取一个事件源 box，然后通过 box.onclick = function ( ){ 程序 } 为网页元素绑定一个事件，就可以书写该事件的驱动程序。

（1）事件源

在事件中，当前操作的那个元素即为事件源。例如，网页元素中 <a> 标签和 input 都有 onclick 事件，当点击 a 发生 onclick 事件时，事件源就是 <a> 标签，当点击 input 发送 onclick 事件，事件源就是 input。获取事件源可以通过以下几种方式。

第一，通过 ID 名：document.getElementById（"ID 名 "）。

第二，通过标签名：document.getElementsByTagName（" 标签名 "）。

第三，通过类名：document.getElementsByClassName（" 类名 "）。

（2）事件

事件是指执行的动作。例如，点击、鼠标移过、按下键盘、获得焦点等。

（3）事件驱动程序

JavaScript 采用事件驱动的机制来响应用户操作，也就是说，当用户对某个 HTML 元素进行操作的时候，会产生一个时间，该时间会驱动某些函数来处理。

JavaScript 可以利用事件、事件源、事件驱动实现图片放大效果。例如，制作一个大盒子和一个小盒子，大盒子显示放大的图片，小盒子显示一系列小图片，当用户鼠标经过其中一个小图片后，大盒子立即显示用户所选图片的放大版，如图 4-2 所示。设置大盒子居中显示，宽为 520 px、高为 280 px，上部外边距为 50 px，背景图片任选一张且不重复；设置小盒子内容居中，高为 100 px，上部内边距为 10 px；设置图片的宽度为 100 px，左和右的外边距为 10 px。编写 JavaScript 代码，通过 document.getElementsByTagName（"div"）[0] 和 document.getElementsByTagName（"div"）[1] 分别获取两个盒子的事件源，通过 .children 方法，将一系列小图片追加至数组变量 imgArr 中；循环遍历数组变量 imgArr，使用 .index 和 .onmouseover 设置每张图片的序号和事件驱动程序；最后通过 this.src 设置 box.style.backgroundImage 的值，完成编写驱动程序，其代码可参考程序清单 4-2。

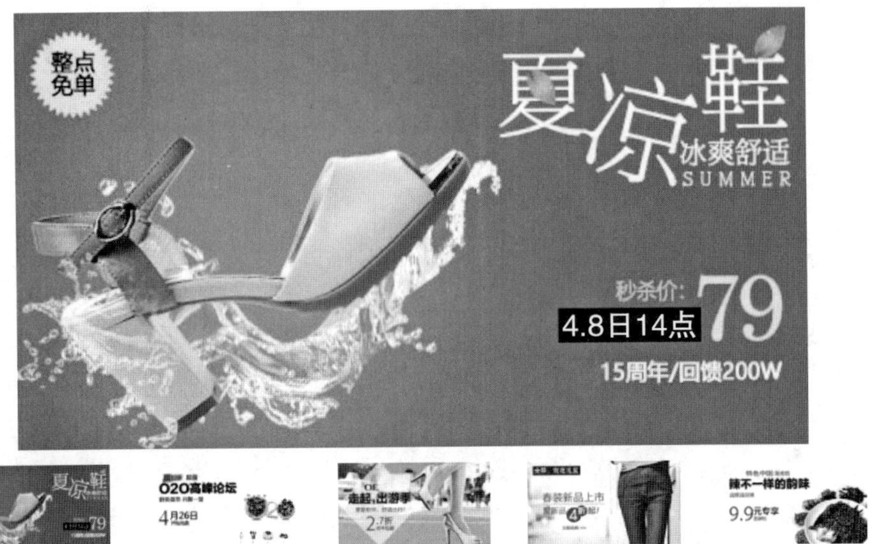

图 4-2　鼠标经过底部图片，该图片在上部放大显示效果示例

程序清单 4-2　鼠标经过底部图片，该图片在上部放大显示代码样例

```
<!DOCTYPE html>
<html>
<head lang="en">
<meta charset="UTF-8">
<title>鼠标经过图片放大显示 </title>
<style>
    .box {
        width:520px;
        height:280px;
        background-image:url(image/1.jpg);
        background-repeat:no-repeat;
        margin-top:50px;
        margin-right:auto;
        margin-left:auto;
    }
    .box2{
        height:100px;
        padding-top:10px;
        text-align:center;
    }
    img {
        width:100px;
        cursor:pointer;
        margin:0 10px;
    }
</style>
```

```
</head>
<body>
    <div class="box"></div>
    <div class="box2">
        <img src="image/1.jpg"/>
        <img src="image/2.jpg"/>
        <img src="image/3.jpg"/>
        <img src="image/4.jpg"/>
        <img src="image/5.jpg"/>
    </div>

<script>
        //需求：鼠标经过，在box中显示大图
        //步骤：
        //1.获取事件源
        //2.绑定事件
        //3.书写事件驱动程序

        //1.获取事件源
        var box2 = document.getElementsByTagName("div")[1];
        var box = document.getElementsByTagName("div")[0];
        var imgArr = box2.children;
        //2.绑定事件
        for(var i=0;i<imgArr.length;i++){
            imgArr[i].index = i;
            imgArr[i].onmouseover = function(){
        //3.书写事件驱动程序
    box.style.backgroundImage ="url(image/"+(this.index+1)+".jpg)";
                                                    }
        }
</script>

</body>
</html>
```

任务实施

请使用图片transform属性，实现鼠标经过图片时放大50%且外形扩展为椭圆形的效果，如图4-3所示。

操作提示：

（1）每张图片设置cursor:pointer和transition:all 0.6 s。

（2）鼠标移过图片，设置transform:scale (1.5) 和border-radius:50%。

开设课程

图 4-3　鼠标经过图片放大效果示例

（3）其代码可参考程序清单 4-3。

程序清单 4-3　鼠标经过图片放大代码样例

```
<!DOCTYPE html>
<html>
<head>
<meta charset="UTF-8">
<title>图片放大效果</title>
</head>
<style>
.box{
	margin-top:100px;
	border-bottom:2px solid red;
	text-indent:20px;
	font-weight:bold;
	height:30px;
	line-height:30px;
}
.enlarge{
	width:200px;
	height:160px;
	border:1px solid #666;
	float:left;
	margin-left:100px;
	margin-top:50px;

}
.enlarge img{
	width:100%;
	height:100%;
	cursor:pointer;
	transition:all 0.6s;
}
.enlarge img:hover{
	transform:scale(1.5);
```

```
        border-radius:50%;
}
</style>
<body>
        <div class="box">开设课程</div>
        <div class="enlarge"><img src="image/ncn1.jpg"></div>
        <div class="enlarge"><img src="image/ncn2.jpg"></div>
        <div class="enlarge"><img src="image/ncn3.jpg"></div>
        <div class="enlarge"><img src="image/ncn4.jpg"></div>
</body>
</html>
```

思考拓展

使用 JavaScript 实现点击网页图片后更换背景图片的效果，如图 4-4 所示。

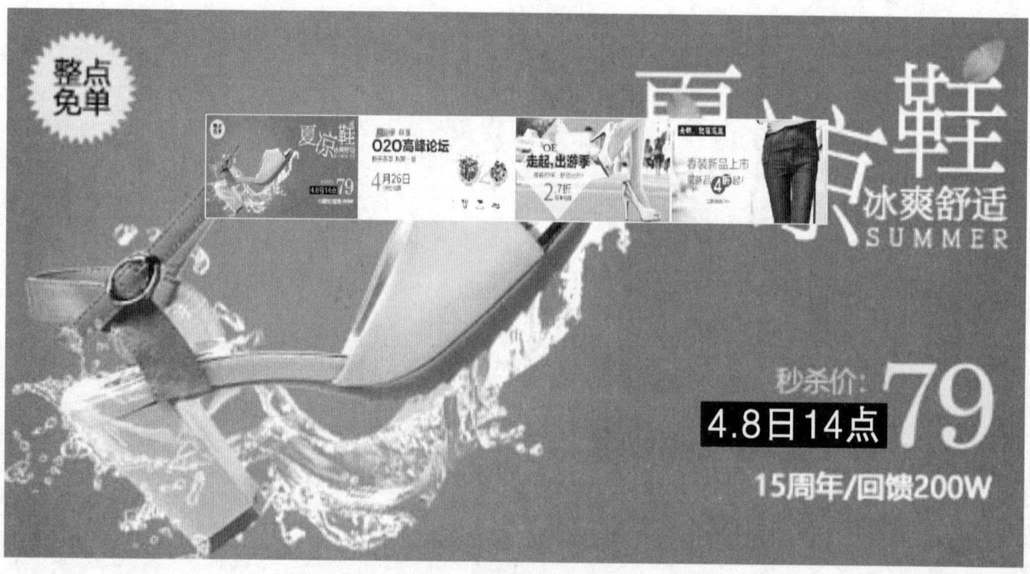

图 4-4　点击图片实现更换背景图片效果示例

操作提示：

其代码可参考程序清单 4-4。

程序清单 4-4　点击图片实现更换背景图片代码样例

```
<!DOCTYPE html>
<html lang="en">
<head>
    <meta charset="UTF-8">
    <meta http-equiv="X-UA-Compatible" content="IE=edge">
```

```
    <meta name="viewport" content="width=device-width,initial-scale=1.0">
    <title>换肤效果</title>
    <style>
        *{
            margin:0;
            padding:0;
            box-sizing:border-box;
        }
        body {
            background:url(image/1.jpg)no-repeat center top;
            background-size:cover;
        }

        .box {
            overflow:hidden;
            width:610px;
            margin:100px auto;
            background-color:#fff;
        }

        .box li {
            width:25%;
            height:100px;
            list-style:none;
            float:left;
            cursor:pointer;
            border:1px solid #fff;
        }

        img {
            width:100%;
            height:100%;
        }
    </style>
</head>

<body>
    <ul class="box">
        <li><img src="image/1.jpg" alt=""></li>
        <li><img src="image/2.jpg" alt=""></li>
        <li><img src="image/3.jpg" alt=""></li>
        <li><img src="image/4.jpg" alt=""></li>
    </ul>
    <script>
```

```
        var pics = document.querySelector(".box").querySelectorAll("img");
        console.log(pics);
        for(var i = 0;i <pics.length;i++){
            pics[i].index = i;
              pics[i].onclick = function(){
                document.body.style.backgroundImage ="url(image/"+(this.
index+1)+".jpg)"
              }
        }
    </script>
</body>
</html>
```

任务二　广告轮播图特效制作

学习目标

知识目标

1. 熟悉 Swiper 插件的功能。
2. 掌握 JavaScript 中 offset 系列的属性。

技能目标

1. 能够应用 Swiper 插件实现图片轮播。
2. 能够应用 JavaScript 实现图片轮播。

任务分析

广告轮播图通常位于页面顶部，具有聚焦的特点，通常展示近期的促销信息，吸引客户浏览商品信息，引起客户的购买欲，也可以展示爆款商品信息或新款产品，为客户下次访问打下良好基础。因此，广告轮播图的设计和制作在电子商务网站中尤为重要，是网站引流的重要途径。本任务重点学习广告轮播图特效制作。

相关知识

一、广告轮播图效果解析

广告轮播图广泛运用于电子商务网站和移动端。基本上打开任何一个电子商务网站，首先映入眼帘的都是网站广告轮播图，如图 4–5 所示。广告轮播图位置醒目，而且具有营销目的，因此，一定要精心设计，除了保证美观、有吸引力，还要考虑用户体验以及营销效果。

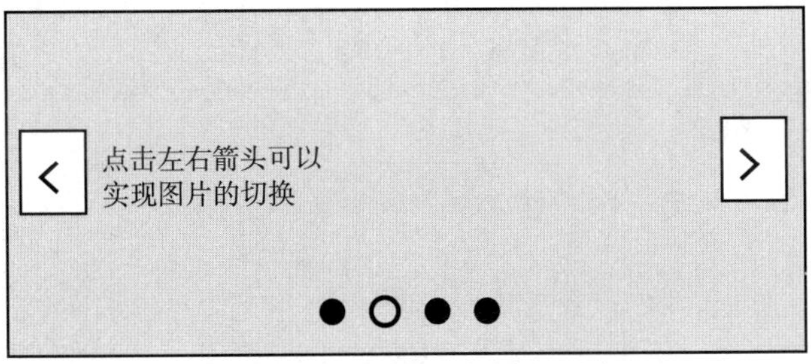

盒子里面用于放置图片

点击左右箭头可以实现图片的切换

点击列表小圆点切换到对应的图片

图 4–5　广告轮播图效果示例

网页广告轮播图制作思路如下。

（1）设计 HTML 布局。在最外层套一个弹性盒子，暂且称它为 box，为一张图片的宽度，设置相对定位和溢出隐藏。为了方便，在 box 中放一个列表 ul，设置绝对定位，ul 中一个列表项 li 放一张图片，然后让列表项 li 浮动，再给 box 定位一个左右按钮和一个用来放控制图片的小圆点的有序列表 ol。

（2）使用 CSS 设置样式。使用 CSS 设置被选中的图片序号或小圆点的样式。

（3）使用 JavaScript 定义轮播行为。使用 JavaScript 使图片跟随鼠标、手指触摸屏幕或者自动播放。

二、实现图片自动轮播关键技术

1. 使用 JavaScript 实现图片轮播

JavaScript 中的 offset、scroll、client 系列和 event 对象用于实现图片轮播。offset 系列能够方便获取元素尺寸，包括 offsetWidth、offsetHight、offsetLeft、offsetTop、offsetParent 等，其中 offsetWidth、offsetHight、offsetLeft、offsetTop 用于读取偏移量，并配合动画封装实现图片轮播效果。

（1）offsetWidth 和 offsetHight

在进行网页布局时，很多情况下不方便获得盒子元素的宽度和高度，又需要知道它们的具体值，就可以使用 offsetWidth 和 offsetHeight。offsetWidth 或 offsetHeight 等于元素自身的宽度或高度、padding 的宽度或高度及 border 的宽度或高度和，如图 4–6 所示。

（2）offsetLeft 和 offsetTop

offsetLeft 和 offsetTop 属性主要用于检测真实位置。其中 offsetTop 获取元素上外边框到定位父级（offsetParent）上内边框的距离，offsetLeft 获取元素左外边框到定位父级（offsetParent）左内边框的距离。元素的 position 属性可以被设置为 relative（相对）、

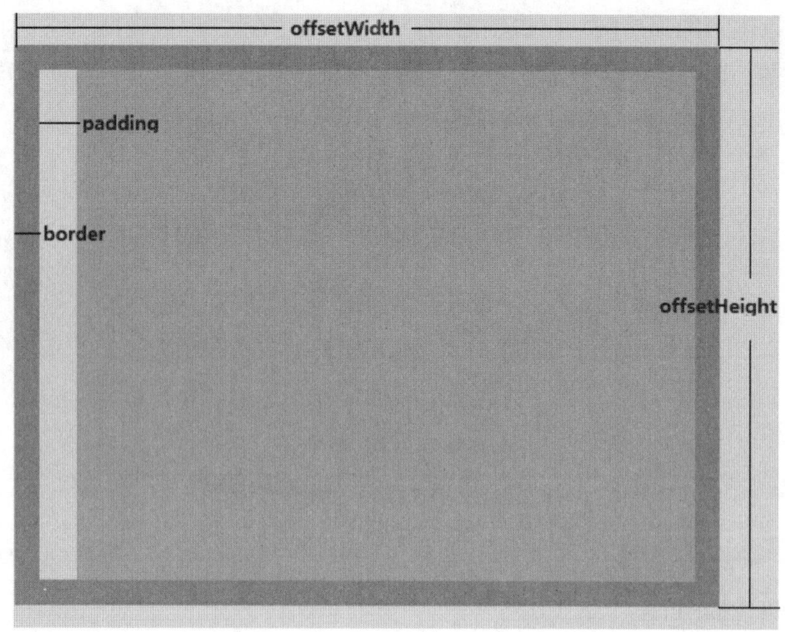

图 4–6　offsetWidth 与 offsetHeight 示意

absolute（绝对）和 fixed（固定）。如果父级有定位，以父级的左侧为准；如果父级没有定位，则以 body 为准。

（3）offsetParent

offsetParent 用于检测上级盒子中带有定位的父盒子节点，是一个只读属性，返回一个指向最近的（指包含层级上的最近）包含该元素的定位元素或者最近的 table、td、th、body 元素。

（4）动画原理及封装

动画实现的核心原理就是通过定时器不断移动元素的位置，让元素实现缓动的效果。轮播图就是通过 JavaScript 提供的定时执行代码的功能（即定时器），实现图片的切换。因此，可以将实现轮播图的动画进行封装，需要的时候直接调用。

动画封装只需要考虑传送动画对象（obj）和目标距离（target）两个参数，内部代码可以自动多次重复调用，实现动画对象移至目标距离的效果。动画封装主要是调用定时器，在开启定时器之前需要用 clearInterval（obj.timer）清除以前的定时器。还需要判断动画对象是向左移动还是向右移动，通过 obj.offsetLeft 获取当前对象和父级元素的距离，并将它和目标距离（target）做差，如果为负值会向左移动，如果为正值会向右移动。

2. 使用 Swiper 插件实现图片轮播

Swiper 是 JavaScript 打造的滑动特效插件，面向手机、平板电脑等移动终端。Swiper 能实现触屏焦点图、触屏 Tab 切换、触屏轮播图切换等常用效果。

下载 Swiper 插件后，需要找到 swiper–bundle.min.js 和 swiper–bundle.min.css 文件

（不同版本的文件名略有不同），将 Swiper 的 CSS 和 JavaScript 文件链接到需要制作轮播图的网页中（见程序清单 4-5）。之后，就可以使用 Swiper 插件提供的 CSS 样式和 JavaScript 代码制作轮播图效果。

程序清单 4-5　加载 Swiper 插件代码样例

```
<!DOCTYPE html>
<html>
<head>
   <meta charset="UTF-8">
   <link rel="stylesheet" href="swiper-6.8.4/swiper-master/package/
swiper-bundle.min.css">
   <title>Swiper</title>
</head>
<body>
   <script src="swiper-6.8.4/swiper-master/package/swiper-bundle.min.
js">
   </script>
</body>
```

任务实施

1. 制作如图 4-7 所示的广告轮播图特效。

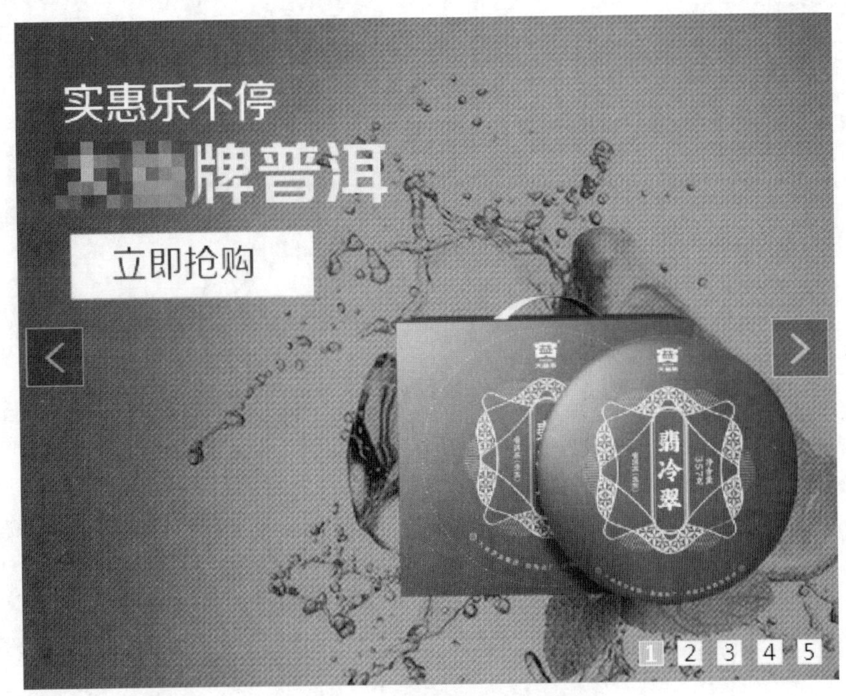

图 4-7　广告轮播图特效示例

操作提示：

（1）应用 ul 和 li 布局图片，应用 span 制作图片底部标记和前进后退按钮。

（2）应用相对定位、绝对定位、浮动、溢出、隐藏等功能设置元素样式，其中图片底部标记当前样式设置背景颜色为 darkorange、文字颜色为 white，前进后退按钮设置背景颜色为黑色且透明度为 0.3。

（3）使用 document.getElementById ( ) 获取网页元素值。

（4）设置变量 target 初始值为 0，当鼠标按下前进或后退按钮以后，target 加或者减图片盒子的宽度值，同时修改图片底部标记的样式。

（5）将图片对象和 target 两个值作为参数，传送到动画封装函数中，其中定时器设定的动画步长为 10、时间为 20 ms。

（6）其代码可参考程序清单 4–6。

程序清单 4–6　广告轮播图特效代码样例

```
<!DOCTYPE html>
<html>
<head>
<meta charset=UTF-8" />
<title>广告轮播图</title>
<style type="text/css">
    body,ul,ol,li,img{
       margin:0;
       padding:0;
       list-style:none;
    }
    #box{
       width:590px;
       height:470px;
       position:relative;
       border:1px solid #ccc;
       margin:50px auto 0;
       overflow:hidden;
    }
    .ad ul{
       position:absolute;
       width:500%;
    }
    .ad ul li{
       float:left;
    }
    #square {
       position:absolute;
```

```
        right:10px;
        bottom:10px;
    }
    #square span {
        display:inline-block;
        width:16px;
        height:16px;
        border:1px solid #ccc;
        background-color:#fff;
        text-align:center;
        line-height:16px;
        margin:0 3px;
        cursor:pointer;
    }
    #square span.current {
        background-color:darkorange;
        color:white;
    }
    #arr span{
        width:40px;
        height:40px;
        position:absolute;
        left:5px;
        top:50%;
        margin-top:-20px;
        background:#000;
        cursor:pointer;
        line-height:40px;
        text-align:center;
        font-weight:bold;
        font-family:"黑体";
        font-size:30px;
        color:#fff;
        opacity:0.3;
        border:1px solid #fff;
    }
    #arr #right{
        right:5px;
        left:auto;
    }
</style>
</head>
<body>
    <div id="box" class="all">
```

```
        <div class="ad">
            <ul id="ul">
                <li><img src="images/1.jpg" /></li>
                <li><img src="images/2.jpg" /></li>
                <li><img src="images/3.jpg" /></li>
                <li><img src="images/4.jpg" /></li>
                <li><img src="images/5.jpg" /></li>
            </ul>
            <div id="square">
                <span class="current">1</span>
                <span>2</span>
                <span>3</span>
                <span>4</span>
                <span>5</span>
            </div>
        </div>
        <div id="arr">
            <span id="left"><</span>
            <span id="right">></span>
        </div>
    </div>
</body>
</html>

<script>
//  获取相关元素
    var box = document.getElementById("box");
    var ad = box.children[0].children[0];
    var lis = ad.children;
    var arr = box.children[1];
    var arrLeft = arr.children[0];
    var arrRight = arr.children[1];
    var target = 0;
    var a=0;
    var spans = document.getElementById("square").children; // 得到了所有的
span
    var timer = null;
    var key = 0;
    var square = 0;
    //需求：点击按钮后图片显示下一张
    arrLeft.onclick = function(){
        target += 590;
        if(target>=0){
            target =0;
```

```
        }
        for(var j=0;j<spans.length;j++){
            spans[j].className = "";// 清除 span 的所有样式
            console.log(spans.length)
        }
        if(a>0){
            a--;
            spans[a].className = "current";// 鼠标移到当前的 span，设置 current
样式
        }
        animate(ad,target);
    }
    arrRight.onclick = function(){
        target -= 590;
        if(target<= -(lis.length-1)*590){
            target = -(lis.length-1)*590;
        }
        for(var j=0;j<spans.length;j++){
            spans[j].className = "";// 清除 span 的所有样式
            console.log(spans.length)
        }
        if(a<4){
            a++;
            spans[a].className = "current";// 鼠标移到当前的 span，设置 current
样式
        }
        animate(ad,target);
    }
    // 动画封装
    function animate(obj,target){
        clearInterval(obj.timer);
        var speed = obj.offsetLeft <target ? 10 :-10;
        obj.timer = setInterval(function(){
            var result = target - obj.offsetLeft;
            obj.style.left = obj.offsetLeft + speed  + "px";
            if(Math.abs(result)<= 10){
                clearInterval(obj.timer);
            }
        },20);
    }
</script>
```

2. 请使用 Swiper 插件，制作如图 4-8 所示触屏版广告轮播图特效。

图 4-8　触屏版广告轮播图特效示例

操作提示：

（1）下载 Swiper 插件，链接相关样式文件。

（2）应用 div 布局制作网页图片和图片底部标记。

（3）设置存放图片和图片底部标记的外部盒子的宽为 590 px 和 470 px。

（4）使用 JavaScript 设置 Swiper 参数值为垂直切换图片、循环模式、显示分页按钮。

（5）其代码可参考程序清单 4-7。

程序清单 4-7　触屏版广告轮播图特效代码样例

```
<!DOCTYPE html>
<html>
<head>
<meta charset="UTF-8">
<link rel="stylesheet" href="swiper-6.8.4/swiper-master/package/swiper-bundle.min.css">
<title>无标题文档</title>
<style>
    .swiper-container {
        width:590px;
        height:470px;
    }
</style>
</head>
```

```
<body>
<script src="swiper-6.8.4/swiper-master/package/swiper-bundle.min.js"></
script>
<div class="swiper-container">
   <div class="swiper-wrapper">
      <div class="swiper-slide"><img src="images/01.jpg" width="590"
height="470"></div>
      <div class="swiper-slide"><img src="images/02.jpg" width="590"
height="470"></div>
      <div class="swiper-slide"><img src="images/03.jpg" width="590"
height="470"></div>
      <div class="swiper-slide"><img src="images/04.jpg" width="590"
height="470"></div>
      <div class="swiper-slide"><img src="images/05.jpg" width="590"
height="470"></div>
   </div>
   <div class="swiper-pagination"></div>
</div>
</body>
<script>
   var mySwiper = new Swiper(".swiper-container",{
      direction:"horizontal",// 垂直切换选项
      loop:true,// 循环模式选项
      // 如果需要分页器
      pagination:{
      el:".swiper-pagination",
      clickable:true,
   },
   // 如果需要前进后退按钮
   navigation:{
      nextEl:".swiper-button-next",
      prevEl:".swiper-button-prev",
   },
   // 如果需要滚动条
   scrollbar:{
      el:".swiper-scrollbar",
   },
  })
</script>
</html>
```

思考拓展

为任务实施第 1 题中的轮播图添加定时器，使其每隔 5 s 就自动切换 1 次。

操作提示：

（1）应用 ul 和 li 布局图片，应用 ol 和 li 制作图片底部标记。

（2）应用相对定位、绝对定位、浮动、溢出、隐藏等功能设置元素样式，其中图片底部标记当前样式设置背景颜色为 yellow。

（3）使用 document.getElementById ( ) 获取网页元素值，使用 setInterval ( ) 设置定时器（5 000 ms 等于 5 s），使用 clearInterval ( ) 清除定时器。

（4）编写自动播放函数，设置变量 key 和 square 初始值为 0，其中 key 记录图片序号，square 记录图片底部标记的序号，如果两个变量累加至 5，说明已经为最后一张图片，需要对两个变量清零。使用 offsetWidth 和 style.left 设置图片距离。

（5）调用动画封装函数，其中定时器设定的动画步长为 10、时间为 10 ms。

（6）其代码可参考程序清单 4–8。

程序清单 4–8　轮播图定时器代码样例

```
<style type="text/css">
    *{
        padding:0;
        margin:0;
        list-style:none;
        border:0;
    }
    .all{
        width:590px;
        height:470px;
        border:1px solid #ccc;
        margin:100px auto;
        position:relative;
    }
    .screen{
        width:590px;
        height:470px;
        overflow:hidden;
        position:relative;
    }
    .screen li{
        width:590px;
        height:470px;
        overflow:hidden;
        float:left;
    }
    .screen ul{
        position:absolute;
```

```
        left:0px;
        top:0px;
        width:500%;
    }
    .all ol{
        position:absolute;
        right:10px;
        bottom:10px;
        line-height:20px;
        text-align:center;
    }
    .all ol li{
        float:left;
        width:20px;
        height:20px;
        background:#fff;
        border:1px solid #ccc;
        margin-left:10px;
        cursor:pointer;
    }
    .all ol li.current{
        background:yellow;
    }
</style>
<body>
    <div class="all" id="all">
        <div class="screen" id="screen">
            <ul id="ul">
                <li><img src="images/1.jpg"/></li>
                <li><img src="images/2.jpg"/></li>
                <li><img src="images/3.jpg"/></li>
                <li><img src="images/4.jpg"/></li>
                <li><img src="images/5.jpg"/></li>
            </ul>
            <ol>
                <li>1</li>
                <li>2</li>
                <li>3</li>
                <li>4</li>
                <li>5</li>
            </ol>
        </div>
    </div>
</body>
```

```
<script type="text/javascript">
    window.onload = function(){
        var all = document.getElementById("all");// 获取相关元素
        var screen = document.getElementById("screen");
        var ul = screen.children[0];
        var lis = ul.children;
        var ol = screen.children[1];
        var olLis = ol.children;
        olLis[0].className = "current";// 为第一张图片赋样式值
        var timer = null;
        var key = 0;
        var square = 0;
        timer = setInterval(autoPlay,5000);// 通过定时器设置动画
        function autoPlay(){
            key++;
            square++;
            if(key>=5){
                key=0;
                square=0;
                ul.style.left = 0+ "px";
            }
            animate(ul,-key*lis[0].offsetWidth);// 调用动画封装
            for(var i=0;i<olLis.length;i++){ // 赋样式值
                olLis[i].className = "";
            }
            olLis[square].className = "current";
        }
    }
    // 动画封装
    function animate(obj,target){
        clearInterval(obj.timer);
        var speed = obj.offsetLeft <target ? 10 :-10;
        obj.timer = setInterval(function(){
            var result = target - obj.offsetLeft;
            obj.style.left = obj.offsetLeft + speed  + "px";
            if(Math.abs(result)<= 10){
                clearInterval(obj.timer);
                obj.style.left = target + "px";

            }
        },10);
    }
</script>
```

任务三　浮动广告特效制作

学习目标

知识目标

1. 掌握 JavaScript 中 scroll 系列的属性。
2. 掌握 scroll 封装原理。

技能目标

能够灵活应用 scroll 实现广告浮动。

任务分析

浮动广告是目前网站很常见的一种广告形式。浮动广告对于广告展示有相当实用的价值，但过多会影响浏览网页的心情，因此不能滥用。本任务重点学习浮动广告特效制作。

相关知识

一、页面浮动广告效果解析

浮动广告是在一个网页中沿一定轨迹浮动的广告形式，它能够在用户滚动浏览页面时，通过浮动，在窗口中保持对用户可见的状态。与传统的形式相比，浮动广告更能聚焦访问者的注意力，增强广告的影响力。

浮动广告主要有两种表现方式，一是沿着某一固定的曲线飘动，二是随着用户拖动浏览器的滚动条而做直线上下浮动。

要制作浮动广告并不困难，需要掌握一些基本的 JavaScript 知识。

二、使用 JavaScript 实现浮动广告效果

JavaScript 中的 scroll 系列包括 scrollWidth、scrollHeight、scrollLeft、scrollTop、onscroll 事件，可以用于实现广告浮动效果。

1. scroll 系列简介

（1）scrollWidth 和 scrollHeight

scrollWidth 和 scrollHeight 可以在没有滚动条的情况下，获取元素内容的总宽度或总高度（见图 4–9）。需要注意的是，当元素中的内容宽度和高度小于元素的宽度和高度时

（即元素中的内容没有溢出），获取到的 scrollWidth 等于元素的宽度，scrollHeight 等于元素的高度；当元素中的内容宽度和高度大于元素的宽度和高度时（即元素中的内容溢出），获取到的 scrollWidth 等于元素内容的宽度，scrollHeight 等于元素内容的高度。

（2）scrollLeft 和 scrollTop

scrollLeft 和 scrollTop 是指当元素自身的 onscroll 事件发生时，被隐藏在内容区域上方或左侧的像素数，即网页中元素向上或向左卷曲出去的距离，通过设置这两个属性可以改变元素滚动的位置。

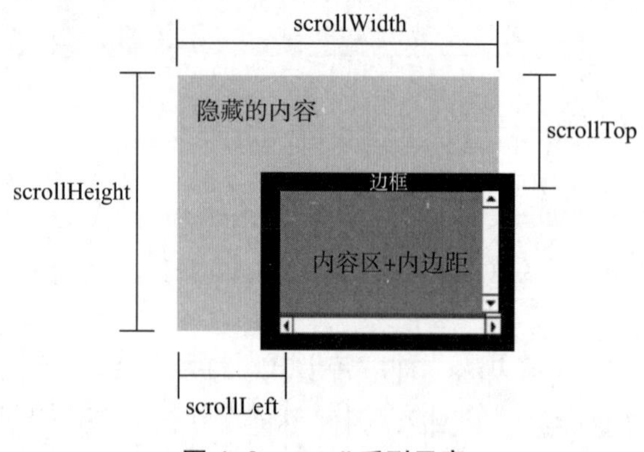

图 4-9 scroll 系列示意

（3）onscroll 事件

onscroll 事件在元素滚动条滚动时触发，可以用来检测屏幕滚动。屏幕每滚动一次，即使只有 1 像素也会触发这个事件。

2. scroll 的封装

封装可以定义为对对象的内部数据表现形式和实现细节进行隐藏，通过封闭可以强制实施信息隐藏，通俗理解就是使用的时候只需要知道参数和返回值，其他条件尽量不允许用户进行设置。通过封装 scroll 解决浏览器兼容性问题，如果没有声明文档类型 DTD 可以通过 document.body.scrollTop 或 document.body.scrollLeft 去获取 scrollTop 和 scrollLeft 的值，已经声明文档类型 DTD 可以通过 document.documentElement.scrollTop 或 document.documentElement.scrollLeft 去获取 scrollTop 和 scrollLeft 的值，如果使用的是 Firfox、ie9+ 以及其他新的浏览器可以通过 window.pageYOffset 或 window.pageXOffset 去获取 scrollTop 和 scrollLeft 的值。可以通过 document.compatMode 判断是否已经声明文档类型 DTD，如果值为 BackCompat 表示没有声明 DTD，如果值为 CSS1Compat 表示已经声明 DTD。

例如，制作一个在窗口左侧的浮动导航条，如图 4-10 所示。编写 CSS 代码，设置图片为绝对定位，左为 0，上为 50 px。编写 JavaScript 代码，通过 document.compatMode === "CSS1Compat" 判断有没有声明 DTD，如果已经声明 DTD 可以通过 document.documentElement 来获取 scrollLeft 和 scrollTop 的值，如果没有声明 DTD 可以使用 document.body 获取两个值。然后通过 document.getElementById 去获取图片作为目标对象（pic），使用窗口滚动 window.onscroll 事件将目标对象（pic）和目标偏移量 [scroll ( ).top] 作为参数传入动画函数（animate），实现图片向上或向下的浮动。

图 4–10　浮动导航条效果示例

与广告轮播图动画原理一致，仍然使用定时器实现动画效果。首先，需要清除以前的定时器。其次，要设置一个周期为 30 ms 的定时器，在定时器内部需要通过接收的目标偏移量（target）去设置动画位移量（step），假设 10 步完成这个动画，则 step =（target−obj.offsetTop）/10，这样就可以更新对象距离顶边距的长度值（obj.style.top）为自身的值（obj.offsetTop）加上位移量（step）。最后，将 target 和 obj.offsetTop 是否相等设定成停止计时器的条件，其代码可参考程序清单 4–9。

程序清单 4–9　浮动导航条代码样例

```
                    /*----HTML 程序代码 ----*/
<body>
    <img src="images/aside.jpg" alt="" id="pic"/>
    <div id="demo"></div>
</body>
                    /*----CSS 程序代码 ----*/
<style>
    img{
        position:absolute;
        left:0;
        top:50px;
        }
        #demo{
            width:1000px;
            height:3000px;
```

```
        margin:0 auto;
        background-image:url(images/main.png);
        background-repeat:no-repeat;
        background-size:100% 100%;

    }
</style>

                        /*----script 程序代码 ----*/
<script>
    function scroll(){  // 开始封装自己的 scrollTop
        if(document.compatMode === "CSS1Compat"){ // 判断有没有声明 DTD
            return {
                left:document.documentElement.scrollLeft,
                top:document.documentElement.scrollTop
            }
        }
        return { // 未声明 DTD
            left:document.body.scrollLeft,
            top:document.body.scrollTop
        }
    }
    var pic = document.getElementById("pic");
    window.onscroll = function(){
        animate(pic,scroll().top);//pic 相对于滚动条顶部的偏移
    }
    function animate(obj,target){
        clearInterval(obj.timer);
        obj.timer = setInterval(function(){
        //offsetTop: 获取对象相对于父坐标的顶端位置
            var step =(target - obj.offsetTop)/10;
            //.top 是指对象距离顶边距的长度
            obj.style.top = obj.offsetTop + step + "px";
            if(target == obj.offsetTop){
                clearInterval(obj.timer);
            }
        },30)
    }
</script>
```

任务实施

请参照本任务样例，为素材网页添加右侧浮动广告导航条，实现广告栏可跟随用户拖动浏览器的滚动条而浮动保持在窗口中的效果，如图 4-11 所示。

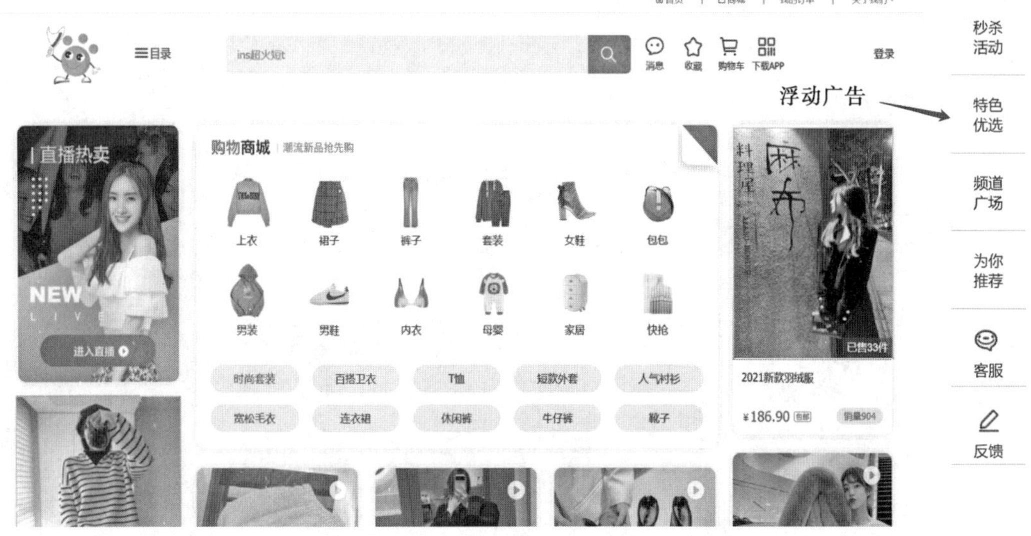

图 4–11　窗口右侧浮动广告导航条效果示例

操作提示：

（1）制作宽为 100 px、高为 360 px 且为绝对定位（右为 10 px，上为 50 px）的浮动广告条。

（2）使用 ul 和 li 填充浮动广告条的内容，设置宽为 80 px、高为 60 px，左外边距为 10 px，上外边距为 20 px，下边框线颜色为 #CCC 的 1 像素实线，且文本居中对齐。

（3）判断是否声明 DTD，封装 scrollTop。

（4）通过 document.getElementById 获取浮动广告条的 ID。

（5）利用 window.onscroll 调用动画封装函数，将浮动广告条的 ID 和 scroll ( ).top 作为参数传入。

（6）编写动画封装函数，设置步长值 step =（target − obj.offsetTop）/ 10。

（7）其代码可参考程序清单 4–10。

程序清单 4–10　窗口右侧浮动广告导航条代码样例

```
<!DOCTYPE html>
<html>
<head lang="en">
<meta charset="UTF-8">
<title>右侧浮动广告条</title>
<style>
    *{
        padding:0px;
        margin:0px;
        list-style-type:none;
    }
```

```
    #demo{
        width:1000px;
        height:3000px;
        margin:0 auto;
        background-image:url(images/main.png);
        background-repeat:no-repeat;
        background-size:100% 100%;
    }
    .aside{
        width:100px;
        height:360px;
        position:absolute;
        right:10px;
        top:50px;
    }
    ul li{
        float:left;
        width:80px;
        height:60px;
        margin-left:10px;
        color:#333;
        text-align:center;
        border-bottom-width:1px;
        border-bottom-style:solid;
        border-bottom-color:#CCC;
        margin-top:20px;
    }
</style>
</head>
<body>
    <div class="aside" id="pic">
        <ul>
            <li> 秒杀 <br> 活动 </li>
            <li> 特色 <br> 优选 </li>
            <li> 频道 <br> 广场 </li>
            <li> 为你 <br> 推荐 </li>
            <li><img src="images/kf.png"><br> 客服 </li>
            <li><img src="images/fk.png"><br> 反馈 </li>
        </ul>
    </div>
    <div id="demo"></div>
</body>
</html>
<script>
```

```
    function scroll(){
      if(document.compatMode === "CSS1Compat"){      // 标准浏览器
          return {
              left:document.documentElement.scrollLeft,
              top:document.documentElement.scrollTop
          }
      }
      return {    // 未声明 DTD
          left:document.body.scrollLeft,
          top:document.body.scrollTop
      }
    }
    var pic = document.getElementById("pic");
    window.onscroll = function(){
        animate(pic,scroll().top); //pic 相对于滚动条顶部的偏移
    }
    function animate(obj,target){
        clearInterval(obj.timer);
        obj.timer = setInterval(function(){
            // 运动公式  leader = leader +(target - leader)/ 10
            //offsetTop:获取对象相对于版面或由 offsetTop 属性指定的父坐标的顶端位置
            var step =(target - obj.offsetTop)/ 10;
            //.top 是指对象距离顶边距的长度
            obj.style.top = obj.offsetTop + step + "px";
            if(target == obj.offsetTop){
                clearInterval(obj.timer);
            }
        },30)
    }
</script>
```

项目五　电子商务网站设计开发项目实战

项目引入

在前面的项目中，已经学习了网页创建、页面美化和网页特效制作等内容。本项目以一家虚拟的佳源集团为例，通过项目实战的方式，综合应用前面所学知识和技能，来学习电子商务网站的设计开发。

任务一　电子商务网站前期规划

学习目标

知识目标

1. 了解网站开发的准备工作。
2. 理解网站原型图的作用。

技能目标

1. 能够依据客户需求制定合理的网站开发方案。
2. 能够设计制作网站原型图。

任务分析

互联网时代，在网站上获取信息、购买物品已经成为现代人的主流生活方式。企业网站因此成为企业推广宣传自己和产品的重要渠道，它不仅是对外展示的窗口，也是与用户交流的窗口。设计开发一个实用、优质的网站对企业而言至关重要，这其中，前期规划是网站设计开发最基础和最重要的环节，在这一过程中需要和客户建立良好的沟通关系，制定合理的网站开发方案，为之后的开发奠定良好基础。

一、准备工作

一个优质的网站在建设之前，一定做了充分的评估和准备工作，并且制定了专业的网站开发方案。网站开发方案是网站开发的依据，是开发费用和周期的评估基础，是确定是否符合、满足客户需求的关键，也是评估网站质量是否合格的标准。因此，网站开发最为重要的准备工作是和客户进行反复沟通后制定网站开发方案。

网站开发前期，为保证网站开发的准确性和有效性，开发人员需要和客户不断沟通，如“为什么创建这个网站”“需要展示哪些内容”“访问网站的都是哪些人”“需要多少个页面”“网站是怎样的结构”等问题，并收集网站开发所需素材资源，明确网站整体架构和内容，撰写网站开发方案。

二、网站原型设计

一个好的网站诞生，必定离不开原型设计。无论是网页设计人员还是 UI 设计人员，在设计效果图的时候都要经过构思、草稿、初稿、定稿等步骤，在定稿以前的步骤就是原型设计。通过原型设计，设计人员可以将基本的设计理念和构想形象化地呈现出来。原型设计是帮助网站设计最终完成标准化和系统化的最好手段。

设计人员可以依据客户需求和方案对网站进行设计，并制作一份网站原型图。网站原型图就是将页面的排版布局和互动流程展现出来，是网站初步构思的可视化展示。网站原型图可以让客户提前看到网站的界面样式，各版块的功能和效果，从而获得比较直观的感受。原型图不是最终设计稿，如需求有变化，或者逻辑交互不符合需求时，修改比较方便，有利于在开发前发现和解决一部分潜在问题。

佳源集团业务涉及零售、科技、物流、健康等领域，为消费者提供家电、手机、计算机、母婴、服装等十三大品类商品。为了更好地发展，现决定开通佳源线上购物商城，急需搭建一个秉承客户为先的综合型购物网站，其桌面端主页原型图如图 5-1 所示。

任务实施

1. 请绘制佳源集团电子商务网站总体结构图，确定该网站的框架结构。

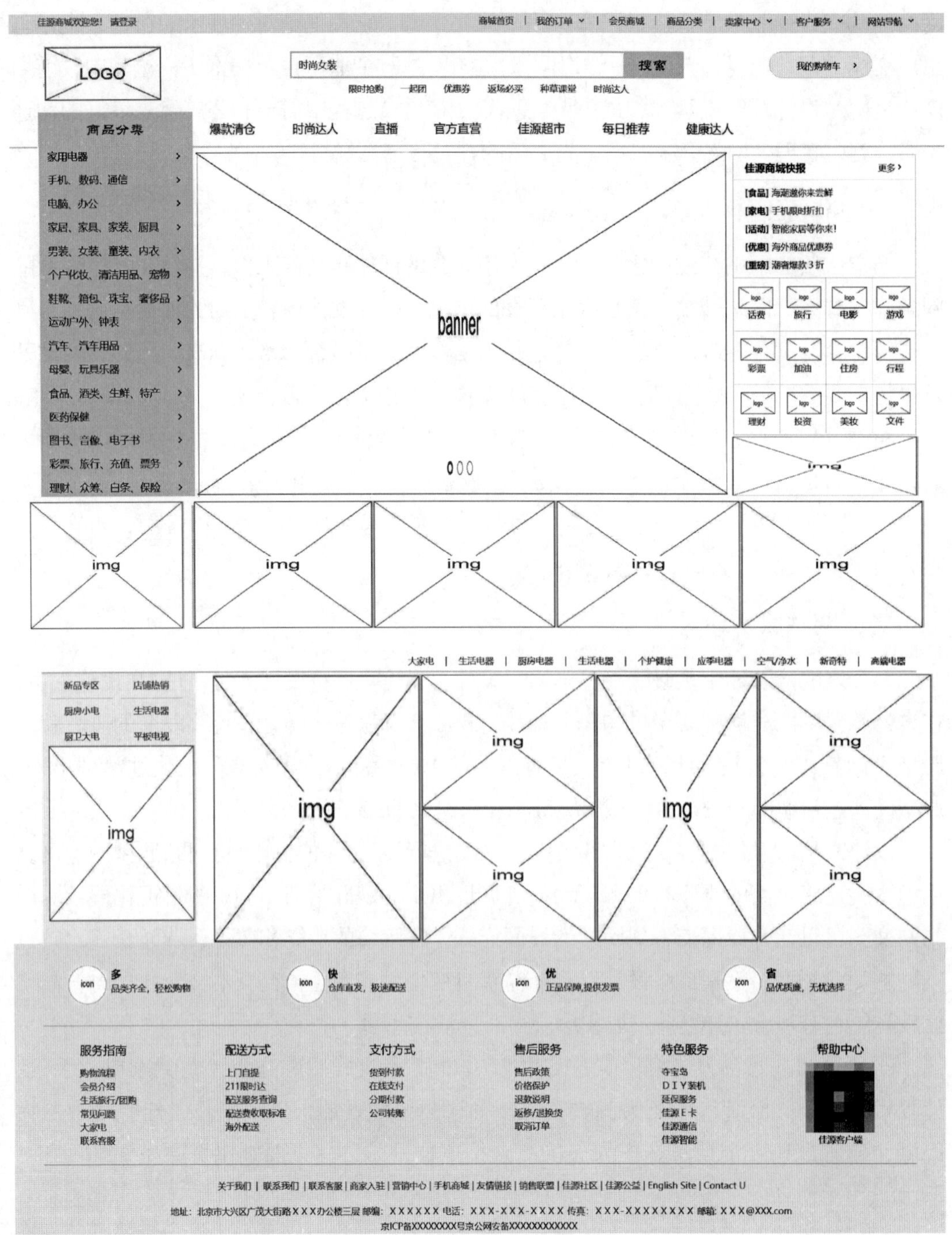

图 5–1　佳源集团电子商务网站桌面端主页原型图

2. 请参考佳源集团电子商务网站桌面端主页原型图（见图 5–1），绘制佳源集团电子商务网站移动端主页原型图。

3. 请编制佳源集团电子商务网站策划书。

任务二　电子商务网站桌面端页面制作

学习目标

知识目标

1. 熟悉桌面端页面配色、布局特点。
2. 掌握桌面端页面制作的流程、方法。

技能目标

1. 能够应用 <nav>、<div>、<ul>、<li> 等标签进行网页布局。
2. 能够应用 CSS 样式美化网页。

任务分析

桌面端网站相较于移动端网站，网页承载能力更大，网页内容更丰富，可以实现更多的交互功能。本任务以佳源集团为例，学习桌面端页面制作。

一、搭建项目环境

1. 创建文件夹及文件

网站开发是团队合作项目，需要提前将网站开发的文件夹及其存放内容告知团队人员，避免开发过程中出现找不到文件或资源混乱等问题。以佳源集团电子商务网站为例，需要创建以下文件夹（见表 5–1）。

表 5–1　网站文件夹

名称	说明
shopping	项目文件夹
images	样式类图片文件夹

续表

名称	说明
css	样式文件夹
upload	产品类图片文件夹
fonts	字体类文件夹
js	脚本文件夹

文件夹制作完成后，需要创建以下文件，见表 5-2。

表 5-2　　网站文件

名称	说明
index.html	主页文件
base.css	CSS 初始化样式文件
common.css	CSS 公共样式文件

index.html 文件需要引入样式文件 base.css，它作为项目的初始化样式文件是必不可少的，其代码可参考程序清单 5-1。

程序清单 5-1　初始化样式文件代码样例

```
*{
    margin:0;              /* 把所有标签的内外边距清零 */
    padding:0;
    box-sizing:border-box;     /*CSS3 盒子模型 */
}
em,i {                     /* 使斜体的文字不倾斜 */
    font-style:normal
}
li {
    list-style:none          /* 去掉 li 的小圆点 */
}
img {
/*border 0 照顾低版本浏览器  如果图片外面包含了链接会有边框的问题 */
    border:0;
    /* 取消图片底部有空白缝隙的问题 */
    vertical-align:middle
}
button {
    /* 当鼠标经过按钮 (button) 的时候，鼠标变成小手形状 */
    cursor:pointer
}
```

```
a {
   color:#666;
   text-decoration:none
}
a:hover {
   color:#c81623
}
button,
input {
   /*"\5B8B\4F53" 宋体，使浏览器兼容性更好 */
   font-family:Microsoft YaHei,Heiti SC,tahoma,arial,Hiragino Sans GB,"\5B8B\4F53",sans-serif;
   /* 默认有灰色边框需要手动去掉 */
   border:0;
   outline:none;
}
body {
   /*CSS3 抗锯齿形  让文字显示得更加清晰 */
   -webkit-font-smoothing:antialiased;
   background-color:#fff;
   font:12px/1.5 Microsoft YaHei,Heiti SC,tahoma,arial,Hiragino Sans GB,"\5B8B\4F53",sans-serif;
   color:#666
}
.hide,.none {
   display:none
}
/* 清除浮动 */
.clearfix:after {
   visibility:hidden;
   clear:both;
   display:block;
   content:".";
   height:0
}
.clearfix {
   *zoom:1
}
```

2. 模块化开发

模块化是指解决一个复杂问题时自顶向下逐层把系统划分成若干模块的过程，有多种属性，分别反映其内部特性。模块化可以将一个复杂的项目按照不同功能进行划分，一个功能就是一个模块，各个功能或模块独立存在且互不影响。模块化开发具有重复使用、更换方便等优点。在网站开发过程中，网页样式或网页结构可能会在很多页面中出现，尤其是电子商务网站的页面头部区域和底部区域，此时，可以把重复出现的结构或样式作为一个模块，编写一次代码。最典型的就是应用 common.css 公共样式文件写好一个样式，其余页面直接调用即可。因此，在佳源集团电子商务网站的主页、列表页、详情页都要引入 common.css 公共样式文件，属于公共样式的代码，如清除浮动、页面文字颜色等都可以放入 common.css 文件中。

3. 显示网站图标

每个网站都有自己的图标（favicon）。图标是缩略的网站标志，便于识别与书签收藏。浏览器可以将 favicon 显示于地址栏中，也可置于书签列表的网站名前，还可以放在标签式浏览界面的页标题前。目前主流浏览器都支持 favicon.ico 图标。显示网站图标的步骤如下。首先，把确定好的图片借助于第三方网站转换为 ico 图标；其次，将生成的 ico 图标放入根目录；最后，在 HTML 页面里的 <head></head> 元素之间引入代码，其代码如下。

```
<link rel="shortcut icon" href="favicon.ico" />
```

4. 准备标签

网站中 T 是指 <title></title>，D 是指 <meta> 标签的 description 和 keyword。title 是网站标题，具有不可替代性，是搜索引擎了解网站的入口，建议可以写成“网站名 – 网站的介绍”格式，方便后期 SEO。description 主要描述网站的功能，其内容主要是由 SEO 工作人员填写。keyword 是页面关键词，是搜索引擎的关注点之一，关键词之间要用英文逗号分开。前端开发人员只需要准备好以上标签，具体内容由 SEO 工作人员准备。

二、制作桌面端主页

网站主页是一个网站的入口网页，应易于浏览，并引导用户浏览网站其他部分的内容。大多数作为主页的文件名是 index、default、main 或 portal 加上扩展名，比如 index.html、index.php 等。

依据效果图（见图 5-2），佳源集团电子商务网站主页包括头部区域、主区域和底部区域，其中又包括 shortcut 区域、header 区域、nav 区域、footer 区域、main 区域等，其中 header 区域、footer 区域在每个网页都会出现，根据模块化开发思路，只需要在 common.css 写一次样式即可，这样在制作列表页时，直接把主页的头部区域和底部区域引入即可。

1. 主页头部区域实现

主页是网站的门面，对全网站具有导航作用，它主要是通过宣传文案、图片、视频等让用户迅速了解产品信息。主页头部区域在每个页面都会出现，因此，头部区域的样式均保存至 common.css 样式文件中。制作主页之前需要先确定好版心，版心是页面中

图 5–2　桌面端主页效果

主要内容所在的区域，即每页版面正中的位置，又称节口，不可以随意更改，案例中版心（类名为 w）的宽为 1 200 px。因此，在 common.css 文件中写如下代码。

```
.w{
    Width:1200px;
    Margin:0 auto;
}
```

（1）shortcut 区域实现

shortcut（快捷导航）区域是用户访问网站的快捷通道，它是一个高为 31 px、背景颜色为 #f1f1f1 的盒子（.shortcut）。首先设置区域版心样式（.w），然后使用 div、ul、li 存放登录、注册、商城首页、我的订单、会员商城、商品分类、卖家中心、客户服务、网站导航等文字信息，如图 5-3 所示。shortcut 区域可参考程序清单 5-2。

佳源商城欢迎您！ 请登录 免费注册 商城首页 | 我的订单 ˇ | 会员商城 | 商品分类 | 卖家中心 ˇ | 客户服务 ˇ | 网站导航 ˇ

图 5-3 shortcut 区域效果

程序清单 5-2 shortcut 区域代码样例

```
/*----HTML 程序代码 ----*/
<body>
    <section class="shortcut">
        <div class="w">
            <div class="fl">
                <ul>
                    <li> 佳源商城欢迎您！  </li>
                    <li>
                        <a href="#"> 请登录 </a>  <a href="register.html" 
class="style_red"> 免费注册 </a>
                    </li>
                </ul>
            </div>
            <div class="fr">
                <ul>
                    <li> 商城首页 </li>
                    <li></li>
                    <li class="arrow-icon"> 我的订单 </li>
                    <li></li>
                    <li> 会员商城 </li>
                    <li></li>
                    <li> 商品分类 </li>
                    <li></li>
                    <li class="arrow-icon"> 卖家中心 </li>
                    <li></li>
                    <li class="arrow-icon"> 客户服务 </li>
                    <li></li>
                    <li class="arrow-icon"> 网站导航 </li>
                </ul>
            </div>
        </div>
    </section>
</body>
```

```
/*----common.css 程序代码 ----*/
<style type="text/css">
.shortcut {
    height:31px;
    line-height:31px;
    background-color:#f1f1f1;
}
.shortcut ul li {
    float:left;
}
/* 选择所有的偶数 li*/
.shortcut .fr ul li:nth-child(even){
    width:1px;
    height:12px;
    background-color:#666;
    margin:9px 15px 0;
}
.arrow-icon::after {
    content:"\e91e";
    font-family:"icomoon";
    margin-left:6px;
}
</style>
```

（2）header 区域实现

header 区域是具有相对定位和版心样式修饰的盒子（.header），由 logo（.logo）、商品搜索（.search）、热点词（.hotwords）、购物车（.shopcar）4 个具有绝对定位的 div 组成，如图 5-4 所示，logo 定位于左侧，购物车定位于右侧，商品搜索和热点词采用绝对定位并设置 top、left 的值就可以完成此区域的布局。header 区域代码可参考程序清单 5-3。

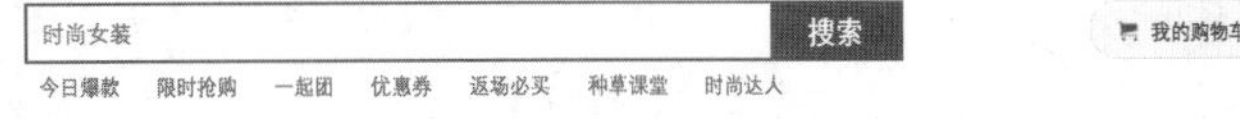

我的购物车

图 5-4　header 区域效果

程序清单 5-3　header 区域代码样例

```
/*----HTML 程序代码 ----*/
<body>
    <header class="header w">
        <!-- logo 模块 -->
        <div class="logo">
```

```
            <h1>
                <a href="index.html" title="佳源商城">商城</a>
            </h1>
        </div>
        <!-- search 搜索模块 -->
        <div class="search">
            <input type="search" name="" id="" placeholder="时尚女装">
            <button>搜索</button>
        </div>
        <!-- hotwords 模块制作 -->
        <div class="hotwords">
            <a href="#" class="style_red">今日爆款</a>
            <a href="#">限时抢购</a>
            <a href="#">一起团</a>
            <a href="#">优惠券</a>
            <a href="#">返场必买</a>
            <a href="#">种草课堂</a>
            <a href="#">时尚达人</a>
        </div>
        <!-- 购物车模块 -->
        <div class="shopcar">
            我的购物车
            <i class="count">8</i>
        </div>
    </header>
</body>
                        /*----common.css 程序代码----*/
<style type="text/css">
.header {
    position:relative;
    height:105px;
}
.logo {
    position:absolute;
    top:25px;
    width:171px;
    height:61px;
}
.logo a {
    display:block;
    width:171px;
```

```
    height:61px;
    background:url(../images/logo.png)no-repeat;
    /*font-size:0; 京东的做法 */
    /* 淘宝的做法是让文字隐藏 */
    text-indent:-9999px;
    overflow:hidden;
}
.search {
    position:absolute;
    left:346px;
    top:25px;
    width:538px;
    height:36px;
    border:2px solid #b1191a;
}
.search input {
    float:left;
    width:454px;
    height:32px;
    padding-left:10px;
}
.search button {
    float:left;
    width:80px;
    height:32px;
    background-color:#b1191a;
    font-size:16px;
    color:#fff;
}
.hotwords {
    position:absolute;
    top:66px;
    left:346px;
}
.hotwords a {
    margin:0 10px;
}
.shopcar {
    position:absolute;
    right:60px;
    top:25px;
```

```
    width:140px;
    height:35px;
    line-height:35px;
    text-align:center;
    border:1px solid #dfdfdf;
    background-color:#f7f7f7;
    border-radius:20px;
}
.shopcar::before {
    content:"\e93a";
    font-family:"icomoon";
    margin-right:5px;
    color:#b1191a;
}
.shopcar::after {
    content:"\e920";
    font-family:"icomoon";
    margin-left:10px;
}
.count {
    position:absolute;
    top:-5px;
    left:105px;
    height:14px;
    line-height:14px;
    color:#fff;
    background-color:#e60012;
    padding:0 5px;
    border-radius:7px 7px 7px 0;
}</style>
```

（3）nav 区域实现

nav 区域显示商品全部分类，是网页的导航模块，通过 nav 区域可以进入商品列表页或商品详情页，如图 5-5 所示。制作导航条一般选择 ul 和 li 添加导航信息，其中左部导航条的分类信息部分，商品分类的文字大小为 16 px 且背景颜色为 #b1191a，其他文字大小为 14 px 且背景颜色为 #c81623。鼠标移过后文字颜色变为 #c81623，背景颜色变为白色。顶部导航条文字大小为 16 px 且颜色为 #c81623。nav 区域代码可参考程序清单 5-4。

商品分类　爆款清仓　时尚达人　直播　官方直营　佳源超市　每日推荐　健康达人

家用电器 >
手机　数码　通信 >
计算机、办公 >
家居、家具、家装、厨具 >
男装、女装、童装、内衣 >
个护化妆、清洁用品、宠物 >
鞋靴、箱包、珠宝、奢侈品 >
运动户外、钟表 >
汽车、汽车用品 >
母婴、玩具乐器 >
食品、酒类、生鲜、特产 >
医药保健 >
图书、音像、电子书 >
彩票、旅行、充值、票务 >
理财、众筹、白条、保险 >

图 5-5　nav 区域效果

程序清单 5-4　nav 区域代码样例

```
                    /*----HTML 程序代码 ----*/
<body>
    <nav class="nav">
      <div class="w">
         <div class="dropdown">
            <div class="dt"> 商品分类 </div>
            <div class="dd">
               <ul>
                  <li><a href="#"> 家用电器 </a> </li>
                  <li><a  href="list.html"> 手机 </a>、<a  href="#"> 数码 </
a>、<a href="#"> 通信 </a> </li>
                  <li><a href="#"> 计算机、办公 </a> </li>
                  <li><a href="#"> 家居、家具、家装、厨具 </a> </li>
                  <li><a href="#"> 男装、女装、童装、内衣 </a> </li>
                  <li><a href="#"> 个护化妆、清洁用品、宠物 </a> </li>
                  <li><a href="#"> 鞋靴、箱包、珠宝、奢侈品 </a> </li>
                  <li><a href="#"> 运动户外、钟表 </a> </li>
                  <li><a href="#"> 汽车、汽车用品 </a> </li>
                  <li><a href="#"> 母婴、玩具乐器 </a> </li>
                  <li><a href="#"> 食品、酒类、生鲜、特产 </a> </li>
                  <li><a href="#"> 医药保健 </a> </li>
                  <li><a href="#"> 图书、音像、电子书 </a> </li>
                  <li><a href="#"> 彩票、旅行、充值、票务 </a> </li>
                  <li><a href="#"> 理财、众筹、白条、保险 </a> </li>
               </ul>
```

```
            </div>
        </div>
        <div class="navitems">
            <ul>
                <li><a href="#">爆款清仓</a></li>
                <li><a href="#">时尚达人</a></li>
                <li><a href="#">直播</a></li>
                <li><a href="#">官方直营</a></li>
                <li><a href="#">佳源超市</a></li>
                <li><a href="#">每日推荐</a></li>
                <li><a href="#">健康达人</a></li>
            </ul>
        </div>
    </div>
</nav>
</body>
                              /*----CSS 程序代码----*/
<style type="text/css">
.nav {
    height:47px;
    border-bottom:2px solid #b1191a;
}
.nav .dropdown {
    float:left;
    width:210px;
    height:45px;
    background-color:#b1191a;
}
.nav .navitems {
    float:left;
}
.dropdown .dt {
    width:100%;
    height:100%;
    color:#fff;
    text-align:center;
    line-height:45px;
    font-size:16px;
}
.dropdown .dd {
    /*display:none;*/
    width:210px;
    height:465px;
```

```
    background-color:#c81623;
    margin-top:2px;
}
.dropdown .dd ul li {
    position:relative;
    height:31px;
    line-height:31px;
    margin-left:2px;
    padding-left:10px;
}
.dropdown .dd ul li:hover {
    background-color:#fff;
}
.dropdown .dd ul li::after {
    position:absolute;
    top:1px;
    right:10px;
    color:#fff;
    font-family:"icomoon";
    content:"\e920";
    font-size:14px;
}
.dropdown .dd ul li a {
    font-size:14px;
    color:#fff;
}
.dropdown .dd ul li:hover a {
    color:#c81623;
}
.navitems ul li {
    float:left;
}
.navitems ul li a {
    display:block;
    height:45px;
    line-height:45px;
    font-size:16px;
    padding:0 25px;
}
</style>
```

2. 主页主区域实现

主页的主区域是 index.html 网页专有的，因此，需要新建一个 CSS 样式文件，命名为 index.css。

（1）main 区域实现

main 区域（见图 5-6）左侧的详细商品分类已经完成，所以需要将 main 的盒子宽度设置为 980 像素，距离左边 220 px，main 盒子里有焦点（focus）图和新闻快报（newsflash）两个模块，其中焦点图设置为左浮动，新闻快报设置为右浮动。主页 main 区域代码可参考程序清单 5-5。

图 5-6　main 区域效果

程序清单 5-5　main 区域代码样例

```
/*----HTML 程序代码 ----*/
<body>
    <div class="main">
      <div class="focus">
        <ul>
          <li>
            <img src="upload/focus1.png" alt="">
          </li>
        </ul>
      </div>
      <div class="newsflash">
        <div class="news">
          <div class="news-hd">
            <h5> 佳源商城快报 </h5>
            <a href="#" class="more"> 更多 </a>
          </div>
          <div class="news-bd">
            <ul>
```

```
                    <li><a href="#"><strong>[ 食品 ]</strong> 海潮邀你来
尝鲜 </a></li>
                    <li><a href="#"><strong>[ 家电 ]</strong> 手机限时折
扣 </a></li>
                    <li><a href="#"><strong>[ 活动 ]</strong> 智能家居等
你来! </a></li>
                    <li><a href="#"><strong>[ 优惠 ]</strong> 海外商品优
惠券 </a></li>
                    <li><a href="#"><strong>[ 重磅 ]</strong> 潮奢爆款 3
折 </a></li>
                </ul>
            </div>
        </div>
        <div class="lifeservice">
            <ul>
                <li>
                    <i><img src="images/r1.png" width="24"
height="28"></i>
                    <p> 话费 </p>
                </li>
                <li>
                    <i><img src="images/r2.png" width="24"
height="28"></i>
                    <p> 旅行 </p>
                </li>
                <li>
                    <i><img src="images/r3.png" width="24"
height="28"></i>
                    <p> 电影 </p>
                </li>
                <li>
                    <i><img src="images/r4.png" width="24"
height="28"></i>
                    <p> 游戏 </p>
                </li>
                <li>
                    <i><img src="images/r5.png" width="24"
height="28"></i>
                    <p> 彩票 </p>
                </li>
                <li>
                    <i><img src="images/r6.png" width="24"
height="28"></i>
                    <p> 加油 </p>
```

```
                        </li>
                        <li>
                            <i><img src="images/r7.png" width="24"
height="28"></i>
                            <p>住房</p>
                        </li>
                        <li>
                            <i><img src="images/r8.png" width="24"
height="28"></i>
                            <p>行程</p>
                        </li>
                        <li>
                            <i><img src="images/r9.png" width="24"
height="28"></i>
                            <p>理财</p>
                        </li>
                        <li>
                            <i><img src="images/r10.png" width="24"
height="28"></i>
                            <p>投资</p>
                        </li>
                        <li>
                            <i><img src="images/r11.png" width="24"
height="28"></i>
                            <p>美妆</p>
                        </li>
                        <li>
                            <i><img src="images/r12.png" width="24"
height="28"></i>
                            <p>文件</p>
                        </li>
                    </ul>
                </div>
                <div class="bargain">
                    <img src="upload/bargain.png" alt="">
                </div>
            </div>
        </div>
    </div>
</body>
```

```
                        /*----index.css 程序代码----*/
<style type="text/css">
.main {
    width:980px;
```

```
    height:455px;
    margin-left:220px;
    margin-top:10px;
}
.focus {
    float:left;
    width:721px;
    height:455px;
    background-color:purple;
}
.newsflash {
    float:right;
    width:250px;
    height:455px;
}
.news {
    height:165px;
    border:1px solid #e4e4e4;
}
.news-hd {
    height:33px;
    line-height:33px;
    border-bottom:1px dotted #e4e4e4;
    padding:0 15px;
}
.news-hd h5 {
    float:left;
    font-size:14px;
}
.news-hd .more {
    float:right;
}
.news-hd .more::after {
    font-family:"icomoon";
    content:"\e920";
}
.news-bd {
    padding:5px 15px 0;
}
.news-bd ul li {
    height:24px;
    line-height:24px;
    overflow:hidden;
    white-space:nowrap;
```

```
    text-overflow:ellipsis;
}
.lifeservice {
    overflow:hidden;
    height:209px;
    /*background-color:purple;*/
    border:1px solid #e4e4e4;
    border-top:0;
}
.lifeservice ul {
    width:252px;
}
.lifeservice ul li {
    float:left;
    width:63px;
    height:71px;
    border-right:1px solid #e4e4e4;
    border-bottom:1px solid #e4e4e4;
    text-align:center;
}
.lifeservice ul li i {
    display:inline-block;
    width:24px;
    height:28px;
    background-color:pink;
    margin-top:12px;
}
.bargain {
    margin-top:5px;
}
</style>
```

（2）recom 区域实现

recom 区域（见图 5–7）制作较为简单，只需要注意盒子之间的浮动即可。recom 区域代码可参考程序清单 5–6。

图 5–7　recom 区域效果

程序清单 5-6　recom 区域代码样例

```
/*----HTML 程序代码 ----*/
<body>
  <div class="w recom">
      <div class="recom_hd">
          <img  src="images/recom.png"  width="180px"  height="120px"
alt="">
      </div>
      <div class="recom_bd">
          <ul>
              <li><img src="upload/recom_01.jpg" alt=""></li>
              <li><img src="upload/recom_02.jpg" alt=""></li>
              <li><img src="upload/recom_03.jpg" alt=""></li>
              <li><img src="upload/recom_04.jpg" alt=""></li>
          </ul>
      </div>
  </div>
</body>
/*----CSS 程序代码 ----*/
<style type="text/css">
.recom {
   height:163px;
   background-color:#ebebeb;
   margin-top:12px;
}
.recom_hd {
   float:left;
   height:163px;
   width:205px;
   background-color:#FFFF;
   text-align:center;
   padding-top:30px;
}
.recom_bd {
   float:left;
}
.recom_bd ul li {
   position:relative;
   float:left;
}
.recom_bd ul li img {

   width:248px;
   height:163px;
}
```

```
.recom_bd ul li:nth-child(-n+3)::after {
    content:"";
    position:absolute;
    right:0;
    top:10px;
    width:1px;
    height:145px;
    background-color:#ddd;
}
</style>
```

（3）floor 区域实现

floor 区域（见图 5-8）主要展示某类商品信息，也称楼层区域，主要由两个盒子组成，第一个盒子放家用电器、热门、大家电、生活电器等文字信息，需要设置一个高度和下边框，第二个盒子主要放产品信息。floor 区域代码可参考程序清单 5-7。

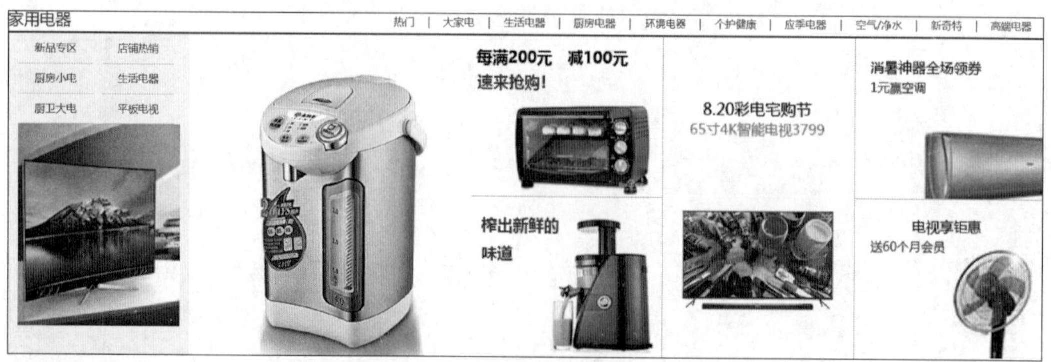

图 5-8　floor 区域效果

程序清单 5-7　floor 区域代码样例

```
                         /*----HTML 程序代码 ----*/
<body>
    <div class="floor">
        <!-- 1 楼家用电器楼层 -->
        <div class="w jiadian">
            <div class="box_hd">
                <h3> 家用电器 </h3>
                <div class="tab_list">
                    <ul>
                        <li> <a href="#" class="style_red"> 热门 </a>|</li>
                        <li><a href="#"> 大家电 </a>|</li>
                        <li><a href="#"> 生活电器 </a>|</li>
                        <li><a href="#"> 厨房电器 </a>|</li>
                        <li><a href="#"> 环境电器 </a>|</li>
```

```
                    <li><a href="#">个护健康</a>|</li>
                    <li><a href="#">应季电器</a>|</li>
                    <li><a href="#">空气/净水</a>|</li>
                    <li><a href="#">新奇特</a>|</li>
                    <li><a href="#">高端电器</a></li>
                </ul>
            </div>
        </div>
        <div class="box_bd">
            <div class="tab_content">
                <div class="tab_list_item">
                    <div class="col_210">
                        <ul>
                            <li><a href="#">新品专区</a></li>
                            <li><a href="#">店铺热销</a></li>
                            <li><a href="#">厨房小电</a></li>
                            <li><a href="#">生活电器</a></li>
                            <li><a href="#">厨卫大电</a></li>
                            <li><a href="#">平板电视</a></li>
                        </ul>
                        <a href="#">
                            <img src="upload/floor-1-1.png" alt="">
                        </a>
                    </div>
                    <div class="col_329">
                        <a href="#">
                            <img src="upload/floor-1-b03.png" width="329px"
height="360px" alt="">
                        </a>
                    </div>
                    <div class="col_221">
                        <a href="#" class="bb"> <img src="upload/floor-1-
2 .png" width="219" height="180"></a>
                        <a href="#"><img src="upload/floor-1-3.png" width="219"
height="180"></a>
                    </div>
                    <div class="col_221">
                        <a href="#"> <img src="upload/floor-1-4.png" alt=
""></a>

                    </div>
                    <div class="col_219">
                        <a href="#" class="bb"> <img src="upload/floor-1-5.
png" alt=""></a>
```

```
                        <a href="#"> <img src="upload/floor-1-6.png" alt=
""></a>
                    </div>
                </div>
            </div>
        </div>
    </div>
</div>
</body>
                        /*----index.css 程序代码 ----*/
<style type="text/css">
.box_hd {
    height:30px;
    border-bottom:2px solid #c81623;
}
.box_hd  h3 {
    float:left;
    font-size:18px;
    color:#c81623;
    font-weight:400;
}
.tab_list {
    float:right;
    line-height:30px;
}
.tab_list ul li {
    float:left;
}
.tab_list ul li a {
    margin:0 15px;
}
.floor .w {
    margin-top:30px;
}
.box_bd {
    height:361px;


}
.tab_list_item>div {
    float:left;
    height:361px;
}
```

```
.col_210 {
    width:210px;
    background-color:#f9f9f9;
    text-align:center;
}
.col_210  ul li {
    float:left;
    width:85px;
    height:34px;
    border-bottom:1px solid #ccc;
    text-align:center;
    line-height:33px;
    margin-right:10px;
}
.col_210  ul {
    padding-left:12px;
}
.col_329 {
    width:329px;
}
.col_221 {
    width:221px;
    border-right:1px solid #ccc;
}
.col_219 {
    width:219px;
}
.bb {
    /* 一般情况下，a 如果包含有宽度的盒子，a 需要转为块级性元素 */
    display:block;
    border-bottom:1px solid #ccc;
}
</style>
```

3. 主页底部区域实现

主页底部（footer）区域在不同页面所呈现的效果是一样的，是网页设计中必不可少的部分，一般包含公司信息、帮助中心、友情链接、版权所属、工商局备案等各种信息（见图 5-9）。此区域也属于公共区域，所有的样式应该写在 common.css 文件中，主要就是添加文字信息，一般多使用 dl、dt、dd 制作。底部区域代码可参考程序清单 5-8。

图 5-9　底部区域效果

程序清单 5-8　底部区域代码样例

```
/*----HTML 程序代码 ----*/
<body>
    <footer class="footer">
        <div class="w">
            <div class="mod_service">
                <ul>
                    <li>
                        <h5><img src="images/f1.png" width="50" height="50">
</h5>
                        <div class="service_txt">
                            <h4> 多 </h4>
                            <p> 品类齐全，轻松购物 </p>
                        </div>
                    </li>
                    <li>
                        <h5><img src="images/f2.png" width="50" height="50">
</h5>
                        <div class="service_txt">
                            <h4> 快 </h4>
                            <p> 仓库直发，极速配送 </p>
                        </div>
                    </li>
                    <li>
                        <h5><img src="images/f3.png" width="50" height="50">
</h5>
                        <div class="service_txt">
                            <h4> 优 </h4>
                            <p> 正品保障，提供发票 </p>
                        </div>
                    </li>
                    <li>
                        <h5><img src="images/f4.png" width="50" height="50">
</h5>
```

```
            <div class="service_txt">
                <h4> 省 </h4>
                <p> 品优质廉，无忧选择 </p>
            </div>
        </li>
    </ul>
</div>
<div class="mod_help">
    <dl>
        <dt> 服务指南 </dt>
        <dd><a href="#"> 购物流程 </a></dd>
        <dd><a href="#"> 会员介绍 </a></dd>
        <dd><a href="#"> 生活旅行 / 团购 </a></dd>
        <dd><a href="#"> 常见问题 </a></dd>
        <dd><a href="#"> 大家电 </a></dd>
        <dd><a href="#"> 联系客服 </a></dd>
    </dl>
    <dl>
        <dt> 配送方式 </dt>
        <dd><a href="#"> 上门自提 </a></dd>
        <dd><a href="#">211 限时达 </a></dd>
        <dd><a href="#"> 配送服务查询 </a></dd>
        <dd><a href="#"> 配送费收取标准 </a></dd>
        <dd><a href="#"> 海外配送 </a></dd>
    </dl>
    <dl>
        <dt> 支付方式 </dt>
        <dd><a href="#"> 货到付款 </a></dd>
        <dd><a href="#"> 在线支付 </a></dd>
        <dd><a href="#"> 分期付款 </a></dd>
        <dd><a href="#"> 公司转账 </a></dd>
    </dl>
    <dl>
        <dt> 售后服务 </dt>
        <dd><a href="#"> 售后政策 </a></dd>
        <dd><a href="#"> 价格保护 </a></dd>
        <dd><a href="#"> 退款说明 </a></dd>
        <dd><a href="#"> 返修 / 退换货 </a></dd>
        <dd><a href="#"> 取消订单 </a></dd>
    </dl>
    <dl>
        <dt> 特色服务 </dt>
        <dd><a href="#"> 夺宝岛 </a></dd>
        <dd><a href="#"> D I Y装机 </a></dd>
```

```
                <dd><a href="#">延保服务</a></dd>
                <dd><a href="#">佳源E卡</a></dd>
                <dd><a href="#">佳源通信</a></dd>
                <dd><a href="#">佳源智能</a></dd>
            </dl>
            <dl>
                <dt>帮助中心</dt>
                <dd>
                    <img src="images/wx_cz.jpg" alt="">
                    佳源客户端
                </dd>
            </dl>
        </div>
        <div class="mod_copyright">
            <div class="links">
                <a href="#">关于我们</a> | <a href="#">联系我们</a> | 联系客服 | 商家入驻 | 营销中心 | 手机商城 | 友情链接 | 销售联盟 | 佳源社区 | 佳源公益 | English Site | Contact U
            </div>
            <div class="copyright">
                地址：北京市大兴区广茂大街路×××办公楼三层 邮编：×××××× 电话：×××-×××-×××× 传真：×××-×××××××× 邮箱：×××@×××.com <br>
                京ICP备××××××××号京公网安备××××××××××××
            </div>
        </div>
    </div>
  </footer>
</body>
                    /*----common.css程序代码----*/
.footer {
  height:415px;
  background-color:#f5f5f5;
  padding-top:30px;
}
.mod_service {
  height:80px;
  border-bottom:1px solid #ccc;
}
.mod_service ul li {
  float:left;
  width:300px;
  height:50px;
  padding-left:35px;
```

```
}
.mod_service ul li h5 {
   float:left;
   width:50px;
   height:50px;
   margin-right:8px;
}
.service_txt h4 {
   font-size:14px;
}
.service_txt  p {
   font-size:12px;
}
.mod_help {
   height:185px;
   border-bottom:1px solid #ccc;
   padding-top:20px;
   padding-left:50px;
}
.mod_help dl {
   float:left;
   width:200px;
}
.mod_help dl:last-child {
   width:90px;
   text-align:center;
}
.mod_help dl dt {
   font-size:16px;
   margin-bottom:10px;
}
.mod_copyright {
   text-align:center;
   padding-top:20px;
}
.links {
   margin-bottom:15px;
}
.links a {
   margin:0 3px;
}
.copyright {
   line-height:20px;
}
</style>
```

三、桌面端列表页制作

列表页就是把若干内容以某个维度集合起来的聚合页。客户可以通过电商平台的列表页快速找到想要购买的商品。佳源集团电子商务网站的主页已经制作完成，所有商品都可以通过商品分类导航条找到相关信息，直接跳转到对应的列表页，方便用户查找商品。下面将以制作女装列表页为例进行讲解。

列表页是新的页面，需要新建页面文件 list.html。依据效果图（见图 5–10），可以发现列表页的头部、底部和主页的头部区域、底部区域基本一致，因此可以将主页的头

图 5–10　列表页效果

部区域、底部区域结构代码复制到 list.html 中，并且在 list.html 中引入 common.css 样式文件。此外，还需要新建一个列表页专门的样式文件 list.css。

1. 列表页头部区域和底部区域实现

列表页也需要在 <head></head> 标签写 T、D、K 等网页信息。首先，需要将主页的 T、D、K 复制到列表页的 <head></head> 标签内，修改文字部分。其次，复制主页的头部区域和底部区域结构代码，修改头部区域 <nav></nav> 模块的文字信息。最后，引用 base.css、common.css 和 list.css 样式。列表页头部区域 nav 模块代码可参考程序清单 5-9。

程序清单 5-9　列表页头部区域 nav 模块代码样例

```
/*----HTML 程序代码 ----*/
<body>
    <nav class="nav">
        <div class="w">
            <div class="dropdown">
                <div class="dt"> 秒杀活动 </div>
            </div>
            <div class="navitems">
                <ul>
                    <li><a href="#"> 爆款清仓 </a></li>
                    <li><a href="#"> 时尚达人 </a></li>
                    <li><a href="#"> 直播 </a></li>
                    <li><a href="#"> 官方直营 </a></li>
                    <li><a href="#"> 佳源超市 </a></li>
                    <li><a href="#"> 每日推荐 </a></li>
                    <li><a href="#"> 健康达人 </a></li>
                </ul>
            </div>
        </div>
    </nav>
</body>
```

2. 列表页主区域实现

列表页主区域展示各类商品信息。主体部分放在 sk_container 盒子中，分为上下两部分，上半部分放在 sk_hd 盒子中，是商品列表信息的头部；下半部分放在 sk_bd 盒子中，展示各类商品详细信息。列表页主区域 nav 模块代码可参考程序清单 5-10。

程序清单 5-10　列表页主区域 nav 模块代码样例

```
/*----HTML 程序代码 ----*/
<body>
    <div class="w sk_container">
        <div class="sk_hd">
```

```
        <img src="upload/bg_03.png" alt="">
    </div>
    <div class="sk_bd">
        <ul class="clearfix">
            <li>
                <img src="upload/s1.jpg" alt="">
            </li>
            <li>
                女装专场
            </li>
            <li>
                <img src="upload/s2.jpg" alt="">
            </li>
            <li>
                化妆品专场
            </li>
            <li>
                <img src="upload/s3.jpg" alt="">
            </li>
            <li>
                精品女装专场
            </li>
            <li>
                <img src="upload/s4.jpg" alt="">
            </li>
            <li>
                时尚男装专场
            </li>
            <li>
                <img src="upload/s5.jpg" alt="">
            </li>
            <li>
                品牌特卖专场
            </li>
            <li>
                <img src="upload/s6.jpg" alt="">
            </li>
            <li>
                饰品专场
            </li>
            <li>
                <img src="upload/s7.jpg" alt="">
            </li>
            <li>
```

```
                女装专卖
            </li>
            <li>
                <img src="upload/s8.jpg" alt="">
            </li>
            <li>
                品牌包专场
            </li>
        </ul>
    </div>
</div>
</body>
                            /*----CSS 程序代码 ----*/
<style>
.sk_bd ul li {
    margin:20px 0px;
    overflow:hidden;
    float:left;
    margin-right:13px;
    width:1135px;
    height:545px;
    border:1px solid transparent;
}
.sk_bd ul li:hover {
    border:1px solid #c81523;
}
.w.sk_container .sk_bd .clearfix li:nth-child(even){
    height:40px;
    font-size:24px;
    font-weight:bold;
    text-align:center;
}
</style>
```

任务实施

1. 完成本任务案例桌面端主页的制作。

2. 参照桌面端主页的制作方法，完成商品详情页等其他页面的制作。

任务三　电子商务网站移动端页面制作

学习目标

知识目标

1. 熟悉移动端页面配色、布局特点。
2. 掌握移动端页面制作的流程、方法。

技能目标

1. 能够根据原型设计图实现移动端网页布局。
2. 能够根据原型设计图制作移动端网页样式。

任务分析

移动端网站能让客户更便捷地了解相关资讯，有助于与客户高效互动，也有助于获得移动互联网上的搜索排名。本任务以佳源集团为例，学习移动端页面制作。

一、搭建项目环境

开发移动端网站可以有两个选择。一是单独制作移动端页面，如京东商城手机版、淘宝触屏版、苏宁易购手机版等，通常情况下，它的网址域名前面需要加 m（mobile）。在用户输入网址后，后台判断当前设备，如果是移动端设备则跳至移动端网站，如果是桌面端设备则跳至桌面端网站。二是制作一个兼容移动端的响应式页面，它是通过判断屏幕宽度来改变样式，以适应不同终端，可以用媒体查询、bootstrap 等技术实现。

本任务按第一种方式为商城搭建专门的移动端站点。在建设移动端网站之前，需要考虑技术选型。移动端网站开发中比较常见的布局方式为流式布局，就是百分比布局，也称非固定像素布局，它是通过将盒子的宽度设置成百分比，从而根据屏幕的宽度来进行伸缩，不受固定像素的限制，内容向两侧填充。

1. 创建文件夹及文件

创建移动端网站开发的文件夹和文件与创建桌面端网站开发的文件夹和文件较为相

似。常用的网站文件夹和文件见表 5-3。

表 5-3　　网站文件夹和文件

名称	说明
shopping	项目文件夹
images	样式类图片文件夹
css	样式文件夹
upload	产品类图片文件夹
fonts	字体类文件夹
js	脚本文件夹
index.html	主页文件
index.css	主页样式文件

2. 设置视口标签以及引入初始化样式

在桌面端网页开发中，不使用 <meta> 标签设置视口，浏览器会按照默认的布局视口宽度显示网页。如果希望网页在浏览器中以理想视口的形式呈现，就需要使用 <meta> 标签设置视口。视口标签代码如下。

```
<meta name="viewport" content="width=device-width,initial-scale=1.0,maximum-scale=1.0,minimum-scale=1.0,user-scalable=0">
```

开发移动端网页，首先要理解 <meta> 标签的用法。移动端网页开发过程中，<meta> 标签可以规定可视区域的宽度和高度，也可以定义是否对页面进行缩放以及缩放级别。

<meta> 标签中“width=device-width”是指让当前 viewport 的宽度等于设备的宽度，如果不这样设定，网页中可能会出现横向滚动条；“user-scalable=0”表示不允许用户手动缩放，是否允许用户缩放依据网站需求而定；“initial-scale=1.0”表示页面首次被显示是可视区域的缩放级别，取值 1.0 表示页面按实际尺寸显示，无任何缩放；“maximum-scale=1.0”表示用户可将页面放大，当 maximum-scale 为 1.0 时，禁止用户放大到实际尺寸之上；“minimum-scale=1.0”表示用户可将页面缩小，当 minimum-scale 为 1.0 时，禁止用户缩小到实际尺寸之下。

3. 引入初始化样式

移动端 CSS 初始化可以使用 normalize.css，这是一个可以定制的 CSS 文件，可以让不同的浏览器在渲染网页元素的时候形式更统一，在 HTML 元素样式上提供了跨浏览器的高度一致性，它也具有模块化功能，拥有详细的文档，其代码可参考程序清单 5-11。

程序清单 5-11　引入初始化样式文件代码样例

```
<!-- 引入 CSS 初始化文件 -->
<link rel="stylesheet" href="css/normalize.css">
<!-- 引入主页的 CSS -->
<link rel="stylesheet" href="css/index.css">
```

4. body 的设置

流式布局是一种等比例缩放布局方式，在 CSS 中使用百分比来设置宽度，也称百分比自适应宽度布局。流式布局实现方法是将 CSS 固定像素宽度换算为百分比宽度。因此，在开发过程中，需要考虑文件的主体即 body 元素的设置，其代码可参考程序清单 5-12。

程序清单 5-12　body 的设置代码样例

```
                    /*----index.css 程序代码 ----*/
<style type="text/css">
    body {
        width:100%;
        min-width:320px;
        max-width:640px;
        margin:0 auto;
        font-size:14px;
        font-family:-apple-system,Helvetica,sans-serif;
        color:#666;
        line-height:1.5;
    }
</style>
```

二、制作移动端主页

在制作移动端主页之前，需要依据效果图分析页面布局。本案例移动端主页包括头部区域和主区域（见图 5-11）。

1. 主页头部区域实现

主页头部区域主要由提示用户打开 App 模块和搜索模块组成，因为采用流式布局，页面总宽度为 100%，所以需要规划每个盒子的宽度，并且以百分比的形式赋值。

（1）提示用户打开 App 模块

提示用户打开 App 模块，高度为 45 px，利用 <ul></ul> 和 <li></li> 将盒子划分为 4 个区域，宽度从左至右分别为 8%、10%、57%、25%，在相应的区域填充内容并设置好相关样式，如图 5-12 所示。提示用户打开 App 模块的代码可参考程序清单 5-13。

图 5-11　移动端主页效果

打开佳源App，购物更轻松
立即打开

图 5-12　提示用户打开 App 模块效果

程序清单 5-13　提示用户打开 App 模块的代码样例

```
/*----HTML 程序代码 ----*/
<body>
    <header class="app">
        <ul>
            <li><img src="images/close.png"></li>
            <li><img src="images/logo.png"></li>
            <li> 打开佳源 App，购物更轻松 </li>
            <li> 立即打开 </li>
        </ul>
    </header>
</body>
/*----index.css 程序代码 ----*/
<style type="text/css">
.app {
    height:45px;
}
.app ul li {
    float:left;
    height:45px;
    line-height:45px;
    background-color:#333333;
    text-align:center;
    color:#fff;
}
.app ul li:nth-child(1){
    width:8%;
}
.app ul li:nth-child(1)img {
    width:10px;
}
.app ul li:nth-child(2){
    width:10%;
}
.app ul li:nth-child(2)img {
    width:30px;
    vertical-align:middle;
}
.app ul li:nth-child(3){
    width:57%;
}
.app ul li:nth-child(4){
    width:25%;
    background-color:#F63515;
```

```
}
</style>
```

（2）搜索模块

搜索模块分为 3 个区域，左右两个区域作为固定不变的模块设置定位，中间的搜索框处理成标准流并加 margin 值，这样能够实现搜索框自适应屏幕宽度的效果，如图 5-13 所示。搜索模块代码可参考程序清单 5-14。

图 5-13　搜索模块效果

程序清单 5-14　搜索模块代码样例

```
/*----HTML 程序代码 ----*/
<body>
    <div class="search-wrap">
      <div class="search-btn"></div>
      <div class="search">
         <div class="jd-icon"></div>
         <div class="sou"></div>
      </div>
      <div class="search-login">登录 </div>
   </div>
</body>
/*----index.css 程序代码 ----*/
<style type="text/css">
.search-wrap {
   position:fixed;
   overflow:hidden;
   width:100%;
   height:44px;
   min-width:320px;
   max-width:640px;
   z-index:999;
}
.search-btn {
   position:absolute;
   top:0;
   left:0;
   width:40px;
   height:44px;
}
```

```
.search-btn::before {
    content:"";
    display:block;
    width:20px;
    height:18px;
    background:url(../images/s-btn.png)no-repeat;
    background-size:20px 18px;
    margin:14px 0 0 15px;
}
.search-login {
    position:absolute;
    right:0;
    top:0;
    width:40px;
    height:44px;
    color:#fff;
    line-height:44px;
}
.search {
    position:relative;
    height:30px;
    background-color:#fff;
    margin:0 50px;
    border-radius:15px;
    margin-top:7px;
}
.jd-icon {
    width:20px;
    height:15px;
    position:absolute;
    top:8px;
    left:13px;
    background:url(../images/jd.png)no-repeat;
    background-size:20px 15px;
}
.jd-icon::after {
    content:"";
    position:absolute;
    right:-8px;
    top:0;
    display:block;
    width:1px;
    height:15px;
    background-color:#ccc;
```

```
}
.sou {
    position:absolute;
    top:8px;
    left:50px;
    width:18px;
    height:15px;
    background:url(../images/jd-sprites.png)no-repeat -81px 0;
    background-size:200px auto;
}
.slider img {
    width:100%;
}
</style>
```

2. 主页主区域实现

主页主区域主要包括轮播图模块、活动模块、导航栏模块和新闻快报模块等，依然采用流式布局，页面总宽度为 100%，所以需要规划每个盒子的宽度，并且以百分比的形式赋值。

（1）轮播图模块

轮播图的制作应用网页特效的制作方法，通过计算每张图片的步长控制图片的移动，如图 5-14 所示。轮播图模块代码可参考程序清单 5-15。

图 5-14　轮播图模块效果

程序清单 5-15　轮播图模块代码样例

```
                    /*----HTML 程序代码 ----*/
<body>
        <div id="box" class="slider">
          <div class="ad">
              <ul>
```

```
                    <li><img src="upload/banner1.jpg" alt=""></li>
                    <li><img src="upload/banner2.jpg" alt=""></li>
                    <li><img src="upload/banner3.jpg" alt=""></li>
                    <li><img src="upload/banner1.jpg" alt=""></li>
                </ul>
            </div>
            <div id="arr">
              <span id="left"><</span><span id="right">></span>
          </div>
    </div>
</body>
                        /*----index.css 程序代码 ----*/
.slider{
    position:relative;
    height:300px;
    overflow:hidden;
}
.slider ad{
    position:relative;
}
.slider ul{
    width:400%;
    position:absolute;
    top:0;
}
.slider ul li{
    float:left;
    width:25%;
}
.slider img {
    width:100%;
}
#arr span{
    width:40px;
    height:40px;
    position:absolute;
    left:5px;
    top:50%;
    margin-top:-20px;
    background:#000;
    cursor:pointer;
    line-height:40px;
    text-align:center;
    font-weight:bold;
```

```
    font-family:" 黑体 ";
    font-size:30px;
    color:#fff;
    opacity:0.3;
    border:1px solid #fff;
}
#arr #right{
    right:5px;
    left:auto;
}
                        /*----JavaScript 程序代码 ----*/
<script>
// 获取相关元素
    var box = document.getElementById("box");
    var ad = box.children[0].children[0];
    var lis = ad.children;
    var arr = box.children[1];
    var arrLeft = arr.children[0];
    var arrRight = arr.children[1];
    var aa=box.offsetWidth;
    // 需求 1: 鼠标放到图片上显示切换按钮，移开图片，隐藏按钮
    box.onmouseover = function(){
        arr.style.display = "block";
    }
    box.onmouseout = function(){
        arr.style.display = "none";
    }
    var target = 0;
    // 需求 2: 点击按钮，让图片显示下一张
    arrLeft.onclick = function(){
        target +=aa;
        if(target>=0){
            target =0;
        }
        animate(ad,target);
    }
    arrRight.onclick = function(){
        target -= aa;
        if(target<= -(lis.length-1)*aa){
            target = -(lis.length-1)*aa;
        }
        animate(ad,target);
    }
function animate(obj,target){
```

```
    clearInterval(obj.timer)
    var speed = obj.offsetLeft <target ? 15 :-15;
    obj.timer = setInterval(function(){
        var result = target - obj.offsetLeft;
        obj.style.left = obj.offsetLeft + speed + "px";
        console.log(speed);
        if(Math.abs(result)<= 10 ){
            clearInterval(obj.timer);
            obj.style.left = target + "px";
        }
    },30);
}
</script>
```

（2）活动模块

活动模块可以实现点击图片不同区域跳转至不同页面的功能。以品牌日活动为例，实现方式是在品牌日区域放置 3 个盒子，每个盒子宽度为 33.33%，如图 5-15 所示。品牌日模块代码可参考程序清单 5-16。

图 5-15　品牌日模块效果

程序清单 5-16　品牌日模块代码样例

```
                    /*----HTML 程序代码 ----*/
<body>
    <div class="brand">
        <div>
            <a href="#">
                <img src="upload/pic11.jpg" alt="">
            </a>
        </div>
        <div>
            <a href="#">
                <img src="upload/pic22.jpg" alt="">
            </a>
        </div>
```

```
            <div>
                <a href="#">
                    <img src="upload/pic33.jpg" alt="">
                </a>
            </div>
        </div>
</body>
                        /*----index.css 程序代码 ----*/
.brand {
    overflow:hidden;
    border-radius:10px 10px 0 0;
}
.brand div {
    float:left;
    width:33.33%;
}
.brand div img {
    width:100%;
}
```

（3）导航栏模块

导航栏方便用户分类查找信息，盒子的高度不用设置，由 2 行组成，每行 5 个小盒子，每个小盒子的宽度为 20%，每个盒子由标签 <a></a> 组成，如图 5-16 所示。导航栏模块代码可参考程序清单 5-17。

图 5-16 导航栏模块效果

程序清单 5-17 导航栏模块代码样例

```
                        /*----HTML 程序代码 ----*/
<body>
                <nav class="clearfix">
            <a href="">
                <img src="upload/nav1.png" alt="">
                <span> 佳源超市 </span>
            </a>
            <a href="">
```

```
                <img src="upload/nav2.png" alt="">
                <span> 佳源电器 </span>
            </a>
            <a href="">
                <img src="upload/nav3.png" alt="">
                <span> 服饰美妆 </span>
            </a>
            <a href="">
                <img src="upload/nav4.png" alt="">
                <span> 免费水果 </span>
            </a>
            <a href="">
                <img src="upload/nav5.png" alt="">
                <span> 快递到家 </span>
            </a>
            <a href="">
                <img src="upload/nav6.png" alt="">
                <span> 生活缴费 </span>
            </a>
            <a href="">
                <img src="upload/nav7.png" alt="">
                <span> 礼品鲜花 </span>
            </a>
            <a href="">
                <img src="upload/nav8.png" alt="">
                <span> 领券 </span>
            </a>
            <a href="">
                <img src="upload/nav9.png" alt="">
                <span> 医药健康 </span>
            </a>
            <a href="">
                <img src="upload/nav10.png" alt="">
                <span> 图书文娱 </span>
            </a>
        </nav>
</body>
```

/*----index.css 程序代码 ----*/

```
nav {
   padding-top:5px;
}
nav a {
   float:left;
   width:20%;
```

```
    text-align:center;
}
nav a img {
    width:40px;
    margin:10px 0;
}
nav a span {
    display:block;
}
```

（4）新闻快报模块

新闻快报区域由 3 个盒子组成，第一个盒子宽度占 50%，第二个盒子和第三个盒子的宽度分别占 25%，如图 5-17 所示。新闻快报模块代码可参考程序清单 5-18。

图 5-17　新闻快报模块效果

程序清单 5-18　新闻快报模块代码样例

```
                    /*----HTML 程序代码 ----*/
<body>
        <div class="news">
            <a href="#">
                <img src="upload/new1.jpg" alt="">
            </a>
            <a href="#">
                <img src="upload/new2.jpg" alt="">
            </a>
            <a href="#">
                <img src="upload/new3.jpg" alt="">
            </a>
        </div>
</body>
```

```
/*----index.css 程序代码 ----*/
.news {
    margin-top:20px;
}
.news img {
    width:100%;
}
.news a {
    float:left;
    box-sizing:border-box;
}
.news a:nth-child(1){
    width:50%;
}
/*n+2 就是从第 2 个往后选择 */
.news a:nth-child(n+2){
    width:25%;
    border-left:1px solid #ccc;
}
```

三、移动端列表页制作

移动端主页制作完成后，所有商品都可以通过商品分类导航条找到相关信息，直接跳转到对应的列表页，方便用户查找商品。下面将以制作女装列表页（见图 5-18）为例进行讲解。

1. 列表页头部区域实现

列表页是新的页面，需要新建页面文件 list.html。依据效果图（见图 5-19），可以发现列表页的头部区域和主页的头部区域基本一致，因此可以将主页的头部区域结构代码复制到 list.html 中，并且在 list.html 中引入 normalize.css 样式文件。此外，还需要新建一个列表页专门的样式文件 list.css。列表页头部区域 nav 模块代码可参考程序清单 5-19。

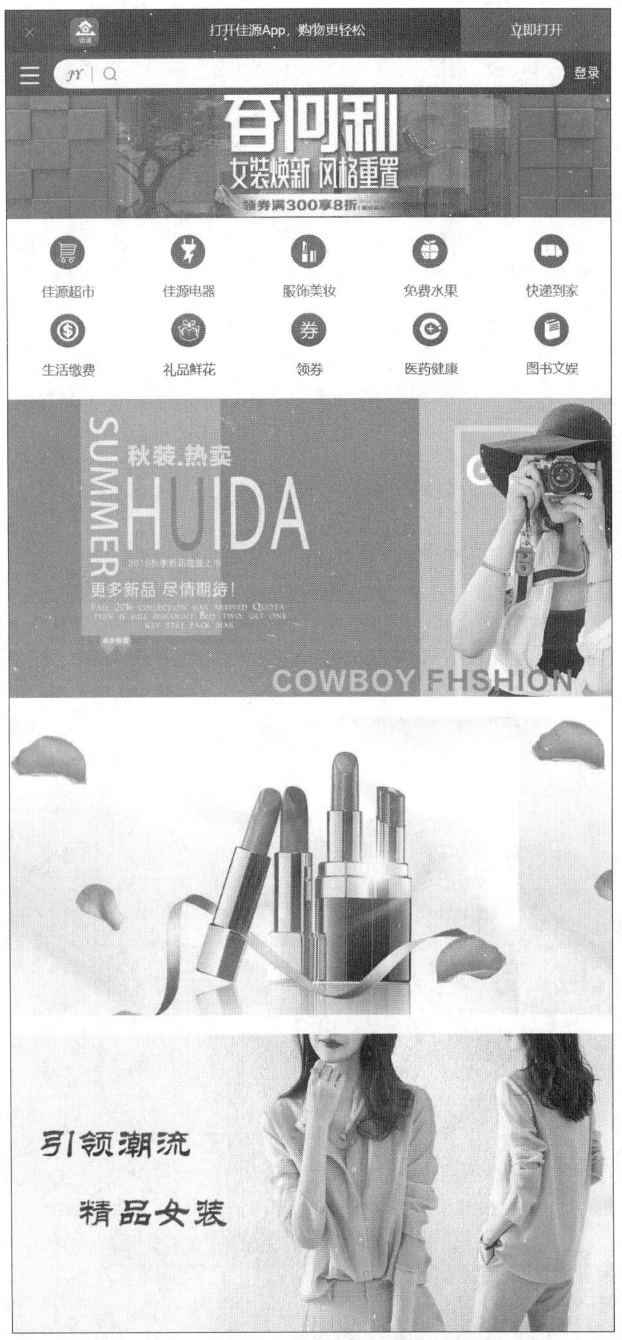

图 5–18　列表页效果

图 5–19　列表页头部区域效果

程序清单 5–19　列表页头部区域 nav 模块代码样例

```
                    /*----HTML 程序代码 ----*/
<body>
      <header class="app">
       <ul>
           <li>
              <img src="images/close.png" alt="">
           </li>
           <li>
              <img src="images/logo.png" alt="">
           </li>
           <li> 打开佳源 App，购物更轻松 </li>
           <li> 立即打开 </li>
       </ul>
   </header>
   <!-- 搜索 -->
   <div class="search-wrap">
       <div class="search-btn"></div>
       <div class="search">
           <div class="jd-icon"></div>
           <div class="sou"></div>
       </div>
       <div class="search-login"> 登录 </div>
   </div>
</body>
                    /*----CSS 程序代码 ----*/
<style>
body {
   width:100%;
   min-width:320px;
   max-width:640px;
   margin:0 auto;
   font-size:14px;
   font-family:-apple-system,Helvetica,sans-serif;
   color:#666;
   line-height:1.5;
}
/* 点击高亮需要清除  设置为 transparent  完全透明 */

*{
   -webkit-tap-highlight-color:transparent;
}
/* 在移动端浏览器默认的外观上加上这个属性才能给按钮和输入框自定义样式 */
```

```
input {
    -webkit-appearance:none;
}
/* 禁用长按页面时的弹出菜单 */
img,
a {
    -webkit-touch-callout:none;
}
a {
    color:#666;
    text-decoration:none;
}
ul {
    margin:0;
    padding:0;
    list-style:none;
}
img {
    vertical-align:middle;
}
div {
    /*css3 盒子模型 */
    box-sizing:border-box;
}
.clearfix:after {
    content:"";
    display:block;
    line-height:0;
    visibility:hidden;
    height:0;
    clear:both;
}
.app {
    height:45px;
}
.app ul li {
    float:left;
    height:45px;
    line-height:45px;
    background-color:#333333;
    text-align:center;
    color:#fff;
}
```

```
.app ul li:nth-child(1){
    width:8%;
}
.app ul li:nth-child(1)img {
    width:10px;
}
.app ul li:nth-child(2){
    width:10%;
}
.app ul li:nth-child(2)img {
    width:30px;
    vertical-align:middle;
}
.app ul li:nth-child(3){
    width:57%;
}
.app ul li:nth-child(4){
    width:25%;
    background-color:#F63515;
}
.search-wrap {
    position:fixed;
    overflow:hidden;
    width:100%;
    height:44px;
    min-width:320px;
    max-width:640px;
    z-index:999;
    background-color:red;
}
.search-btn {
    position:absolute;
    top:0;
    left:0;
    width:40px;
    height:44px;
}
.search-btn::before {
    content:"";
    display:block;
    width:20px;
    height:18px;
    background:url(../images/s-btn.png)no-repeat;
    background-size:20px 18px;
```

```
    margin:14px 0 0 15px;
}
.search-login {
    position:absolute;
    right:0;
    top:0;
    width:40px;
    height:44px;
    color:#fff;
    line-height:44px;
}
.search {
    position:relative;
    height:30px;
    background-color:#fff;
    margin:0 50px;
    border-radius:15px;
    margin-top:7px;
}
.jd-icon {
    width:20px;
    height:15px;
    position:absolute;
    top:8px;
    left:13px;
    background:url(../images/jd.png)no-repeat;
    background-size:20px 15px;
}
.jd-icon::after {
    content:"";
    position:absolute;
    right:-8px;
    top:0;
    display:block;
    width:1px;
    height:15px;
    background-color:#ccc;
}
.sou {
    position:absolute;
    top:8px;
    left:50px;
    width:18px;
    height:15px;
```

```
    background:url(../images/jd-sprites.png)no-repeat -81px 0;
    background-size:200px auto;
}
</style>
```

2. 列表页主区域实现

列表页主区域展示各类商品信息（见图 5-20），主体部分放在 main-content 盒子中，分为上、中、下三部分，分别为品牌活动促销（brand）、导航（nav）和产品信息（info），其中 nav 模块和主页的 nav 模块一致，直接复制即可。列表页主区域代码可参考程序清单 5-20。

图 5-20　列表页主区域效果

程序清单 5-20　列表页主区域代码样例

```
/*----HTML 程序代码 ----*/
<body>
   <div class="main-content">
      <div class="brand">
         <a href="#">
             <img src="upload/bann.jpg" alt="">
         </a>
      </div>
      <!-- nav 部分 -->
      <nav class="clearfix">
         <a href="">
            <img src="upload/nav1.png" alt="">
            <span> 佳源超市 </span>
         </a>
         <a href="">
            <img src="upload/nav2.png" alt="">
            <span> 佳源电器 </span>
         </a>
         <a href="">
            <img src="upload/nav3.png" alt="">
            <span> 服饰美妆 </span>
         </a>
         <a href="">
            <img src="upload/nav4.png" alt="">
            <span> 免费水果 </span>
         </a>
         <a href="">
            <img src="upload/nav5.png" alt="">
            <span> 快递到家 </span>
         </a>
         <a href="">
            <img src="upload/nav6.png" alt="">
            <span> 生活缴费 </span>
         </a>
         <a href="">
            <img src="upload/nav7.png" alt="">
            <span> 礼品鲜花 </span>
         </a>
         <a href="">
            <img src="upload/nav8.png" alt="">
            <span> 领券 </span>
         </a>
         <a href="">
```

```
            <img src="upload/nav9.png" alt="">
            <span>医药健康</span>
        </a>
        <a href="">
            <img src="upload/nav10.png" alt="">
            <span>图书文娱</span>
        </a>
    </nav>
    <!-- 信息模块 -->
    <div class="info">
        <a href="#">
            <img src="upload/s1.jpg" alt="">
        </a>
    </div>
    <div class="info">
        <a href="#">
            <img src="upload/s2.jpg" alt="">
        </a>
    </div>
    <div class="info">
        <a href="#">
            <img src="upload/s3.jpg" alt="">
        </a>
    </div>
    <div class="info">
        <a href="#">
            <img src="upload/s4.jpg" alt="">
        </a>
    </div>
    <div class="info">
        <a href="#">
            <img src="upload/s5.jpg" alt="">
        </a>
    </div>
    <div class="info">
        <a href="#">
            <img src="upload/s6.jpg" alt="">
        </a>
    </div>
    <div class="info">
        <a href="#">
            <img src="upload/s7.jpg" alt="">
        </a>
    </div>
    <div class="info">
        <a href="#">
            <img src="upload/s8.jpg" alt="">
        </a>
    </div>
```

```
        </div>
    </div>
</body>
                                /*----CSS 程序代码 ----*/
<style>
.brand img {
    width:100%;
}
/*nav*/
nav {
    padding-top:5px;
}
nav a {
    float:left;
    width:20%;
    text-align:center;
}
nav a img {
    width:40px;
    margin:10px 0;
}
nav a span {
    display:block;
}
/*info*/
.info {
    margin-top:20px;
}
.info img {
    width:100%;
}
</style>
```

任务实施

1. 完成本任务案例移动端主页的制作。

2. 参照移动端主页的制作方法，完成商品详情页等其他页面的制作。

任务四　电子商务站点测试

学习目标

知识目标

1. 理解判断站点访问者终端类型的方法。

2. 掌握站点测试与发布的方法。

技能目标

能够熟练使用软件进行站点的测试与发布。

任务分析

在电子商务网站设计开发完成后，就要进入网站的测试与发布环节。通过测试，找出系统中潜在的错误和缺陷，验证系统的功能和性能是否满足系统需求，检验建设的网站是否实现了规划的预期目标、是否能够满足业务流程的要求、界面是否友好、操作是否简单方便、输入和输出的数据信息是否准确流畅等。网站测试完成后，就可以发布上线了。

一、判断访问者的终端类型

在移动互联网时代，越来越多的企业不仅仅局限于桌面端网站的开发，也开始搭建移动端网站，桌面端设备和移动端设备的屏幕尺寸差异很大，展示的内容有所差别。当开发了满足两种设备的网站后，就会遇到一个问题，即服务器如何判断当前访问者是用移动端还是用桌面端打开网页的。解决这个问题的方式有很多种，较为简单的就是通过 Navigator 对象获取终端类型信息。

1. Navigator 对象

Navigator 对象用于获得与浏览器相关的信息。Navigator 对象的常用属性有 appName、appCodeName、appVersion、cookieEnabled、platform、userAgent 等，其中 userAgent 属性是一个只读的字符串，给出浏览器在 HTTP 请求中使用的用户代理首部的值。

2. 判断终端类型

可以通过 JavaScript 检查 navigator.useragent 中是否包含某些值来判断终端类型。终端判断代码可参考程序清单 5-21。

程序清单 5-21　终端判断代码样例

```
<script type="text/javascript">
if(/Android|WebOS|iPhone|iPod|BlackBerry/i.test(navigator.userAgent))
{
    window.location.href = "https://www.jy.com/mobile";
} else {
    window.location.href = "http://www.jy.com/home";
    }
</script>
```

实际上就是判断 navigator.useragent 是否含有 Android/WebOS/iPhone 等字符串，并且使用修饰符“i”指定不区分大小写模式，如果包含这些字符串则跳转至移动端，反之则跳转至桌面端。

二、站点的测试与发布

网站开发完成并不代表网站建设工作结束，后期还需要对网站的网页、程序数据、服务器等进行测试优化，向相关部门申请域名和空间，上传网站，网站发布后还要定时维护、更新网站。

1. 站点的测试

网站开发完成以后，需要检测网页的内容、网页链接是否正确，以及是否兼容主流浏览器等。此外，对站点中使用到的动态网页程序需要在本机上建立服务器环境，并测试程序是否能被正确执行和使用，特别需要注意站点的数据库安全性问题。对于个人的站点服务器，需要测试其稳定性和安全性，以保证访问者能够顺利地访问站点内容并保证站点的安全。

站点的检查测试可以使用 Dreamweaver 软件“站点”菜单中的“检查站点范围的链接”“改变站点范围的链接”“报告”等命令执行，如图 5-21 所示。

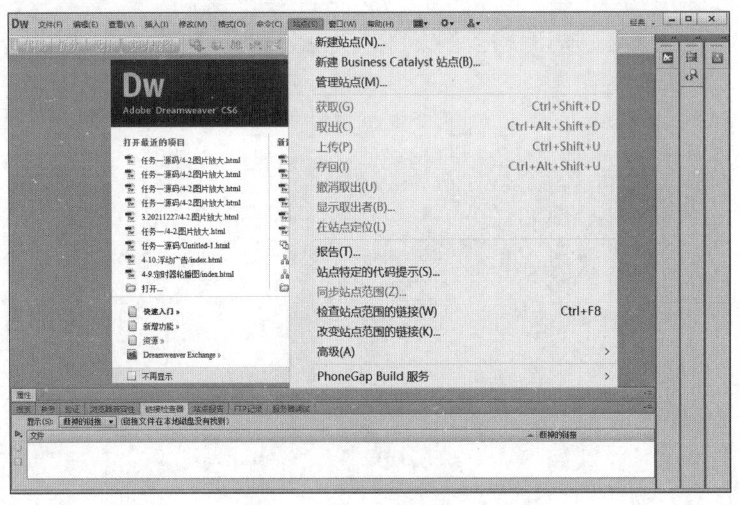

图 5-21　站点的检查测试

2. 站点的发布

网站开发检测优化完成后，使用 Dreamweaver 等软件进行网站的发布和管理。发布之前，需要先申请域名。域名申请成功之后，打开 Dreamweaver 工具，在“站点”菜单或文件管理面板中找到“管理站点”，如图 5–22 所示，选择进入编辑页面，选择服务器连接方法，输入服务器地址等信息，完成远程站点定义，如图 5–23 所示。最后，在文件管理面板中点击上传图标完成上传。如果网站需要后期维护，可以在站点上单击鼠标右键，在弹出的菜单中选择同步，如图 5–24 所示。

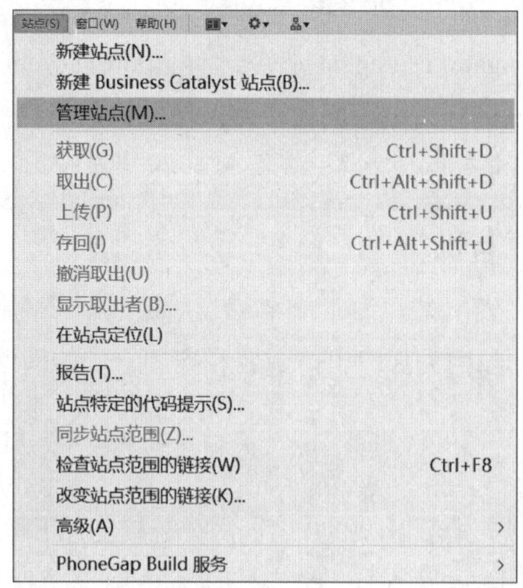

图 5–22　管理站点

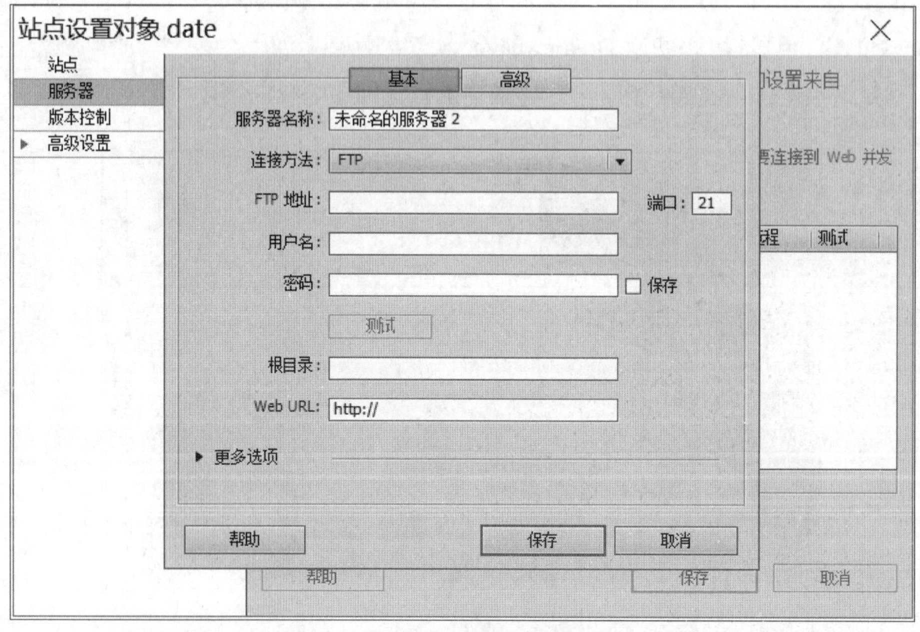

图 5–23　服务器设置

图 5-24　上传同步

任务实施

1. 为移动端主页和桌面端主页分别添加访问终端判断语句，实现根据访问终端的不同，自动跳转到相应站点的功能。

2. 阅读程序清单 5-22 的代码，分析其功能。

程序清单 5-22　终端判断代码样例

```
<script type="text/javascript">
if(/AppleWebKit.*mobile/i.test(navigator.userAgent)||(/MIDP|SymbianOS|NOKIA|SAMSUNG|LG|NEC|TCL|Alcatel|BIRD|DBTEL|Dopod|PHILIPS|HAIER|LENOVO|MOT-|Nokia|SonyEricsson|SIE-|Amoi|ZTE/.test(navigator.userAgent))){
    if(window.location.href.indexOf("?mobile")<0){
        try{
            if(/Android|WebOS|iPhone|iPod|BlackBerry/i.test(navigator.userAgent)){
                window.location.href=" 手机页面 ";
            }else if(/iPad/i.test(navigator.userAgent)){
                window.location.href=" 平板页面 ";
            }else{
                window.location.href=" 其他移动端页面 "
            }
        }catch(e){}
    }
}
</script>
```

项目六　响应式电子商务网站开发

项目引入

近几年，随着智能手机的普及，使用手机、平板电脑等设备上网的用户越来越多。根据中国互联网络信息中心（CNNIC）发布的数据，截至2022年6月，我国网民规模为10.51亿，其中使用手机等移动设备上网的比例达99.6%。为了应对移动互联网的快速发展，起初许多企业特地为移动设备制作移动端网站，但这种方式会造成企业在网站信息维护上的麻烦，容易造成移动端和桌面端网站内容不一致的情况，花费较高人力资源成本却效果欠佳。

为了解决这个问题，追求更好的用户体验，“响应式网页设计”理念应运而生，即让一个网站同时适配多种设备和多个屏幕，网站会自动根据不同访问设备（台式计算机、笔记本电脑、平板电脑、智能手机）的屏幕尺寸进行调整，以使用最佳浏览方式来显示网页内容。

响应式电子商务网站可以让网页的布局和功能随着用户的使用环境（屏幕大小）而自动变化，可以根据不同的终端呈现合理的页面，实现一次开发、多处适用，因而得到了广泛的应用，并逐渐成为网页设计的主流，有越来越多的人采用此方法设计网站。

任务一　响应式网站基础知识

学习目标

知识目标

1. 了解响应式网站、视口、媒体查询、图像适配的基本概念。

2. 熟悉响应式布局的基本方法。

技能目标

1. 会使用媒体查询语句确定访问设备的屏幕尺寸情况。
2. 会使用响应式布局进行网页构建。

任务分析

响应式网站的出现打破了传统的网页布局思路，实现了一个网站在台式计算机、平板电脑和手机等各种终端设备上浏览效果的流畅性，不仅能给用户带来更好的体验，同时也提高了网站的点击率和转化率。响应式网站糅合了流式布局和弹性布局理念，通过媒体查询、自适应图片等技术来实现自动调整页面元素布局，实现网页内容随着访问它的视口及设备的不同而呈现不同的布局样式。本任务重点学习响应式电子商务网站的开发技术。

相关知识

一、响应式网站简介

响应式网站是指可以自动识别屏幕宽度，并作出相应调整的网页站点。采用响应式网页设计，页面有能力去自动响应用户的设备环境，这样一个网站能够兼容多个终端，而不需要重新设计新设备的版本尺寸。

1. 响应式网站特点

响应式网站能够提升用户体验，也能让桌面端和移动端 SEO 和链接保持一致，进而避免内容重复或出错。响应式网页设计比较明显的缺陷是，开发时间长、成本高，大大增加了架构设计的复杂度，尤其是要构建包含额外编程的复杂的自适应网站，所需时间会更长。因此，对于已经比较成熟的网站来说，如果要实现全站的响应式，有可能需要全部推倒重来，所以更适合在移动端实现响应式布局设计。

2. 响应式网站设计要点

（1）阻止移动浏览器自动调整页面大小

基于 Webkit 核心的 IOS 和 Android 浏览器以及其他众多的浏览器都支持 viewport meta 元素覆盖默认的画布缩放设置，所以只需要在 HTML 的 <head> 标签中插入一个 <meta> 标签，设置具体的宽度（如像素值）或者缩放比例（设备实际尺寸的两倍）即可。

（2）将网页修改为百分比布局

页面浏览过程中超出了网页所规定最大宽度或最小宽度值时，容易出现水平滚动条，不方便用户浏览，为防止这种情况发生，需要通过百分比布局进行调整，使得页面元素能够根据窗口大小灵活修正样式，具体而言，就是CSS不会将元素宽度定义为width：n px（n表示一个整数或小数），而是会以百分比形式定义宽度，如width：n%（n表示一个整数或小数），或者直接定义为自动，如width：auto。

（3）网页元素单位用em替换px

通常网页元素单位使用px，但响应式网页需要把单位px改为em。px、em都是计量单位，都能表示尺寸，但是有所不同，而且各有优缺点。px是像素，它的大小是相对于显示器屏幕分辨率而言的，利用px设置字体大小及元素宽高等比较稳定和精确，但不能适应浏览器缩放时产生的变化，因此一般不用于响应式网站。em表示相对尺寸，它会继承父级元素的字体大小，em可以较好地适应设备屏幕尺寸的变化，但是在进行元素设置时都需要知道父元素文本的font-size及当前对象内文本的font-size，如有遗漏可能会导致错误。

（4）实现流动布局

流动布局是指各个区块的位置都要设置浮动，其优势在于如果页面宽度小，无法使网页元素显示在同一行，那么，后面的元素不会发生溢出，也不会出现水平滚动条，它会自动换行至下方显示，大大提升了用户的阅读体验。

（5）Media Query技术的使用

Media Query直译过来就是媒体查询，CSS3中的Media Query增加了更多的功能，可以添加不同媒体类型的表达式，用来检查媒体是否符合某些条件，如果媒体符合相应的条件，那么就会调用对应的样式表。因此，只需要设置不同的样式表，通过判断调用对应的样式就可以实现不同分辨率设备之间显示相同网页内容。

二、屏幕可视区域

1. 视口的基本概念

视口（Viewport）是移动Web开发中非常重要的概念，指浏览器显示页面内容的屏幕区域。在移动端浏览器中，有布局视口、视觉视口和理想视口三类。

（1）布局视口

布局视口是指浏览器绘制网页的视口，一般移动端浏览器都默认设置了布局视口的宽度，如图6-1所示。当移动端浏览器展示桌面端网页内容时，由于移动端设备屏幕比较小，网页在移动端浏览器中会出现左右滚动条，用户需要左右滑动滚动条才能查看完整的一行内容。

（2）视觉视口

视觉视口是指用户正在看到的网站区域，这个区域的宽度等同于移动设备的浏览器窗口的宽度。在手机中缩放网页的时候，操作的是视觉视口，而布局视口仍然保持原来的宽度，如图6-2所示。

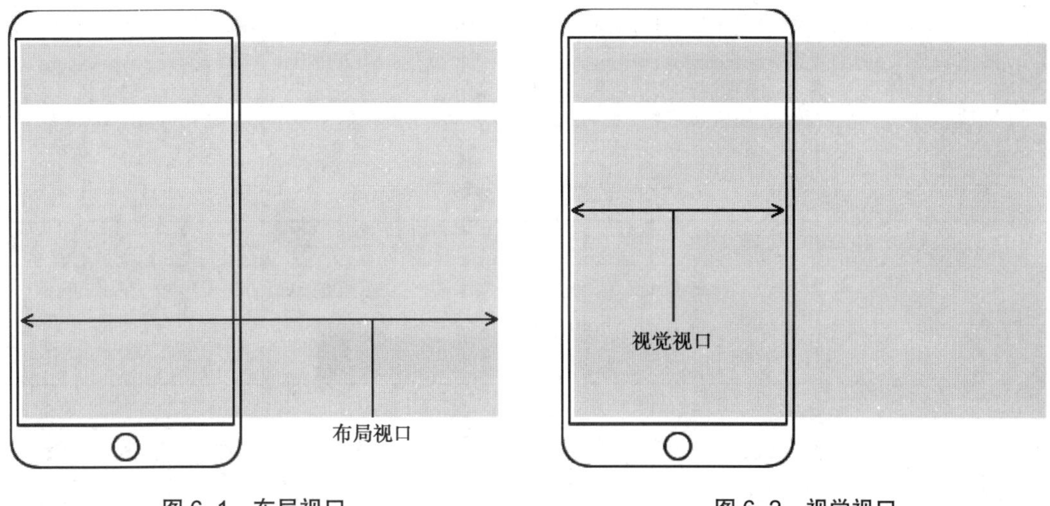

图 6–1　布局视口　　　　图 6–2　视觉视口

（3）理想视口

理想视口是指对设备来讲最理想的视口，如图 6-3 所示。采用理想视口，可以使网页在移动端浏览器中获得最理想的浏览和阅读宽度，此时布局视口的大小和屏幕宽度一致，不需要左右滑动页面。

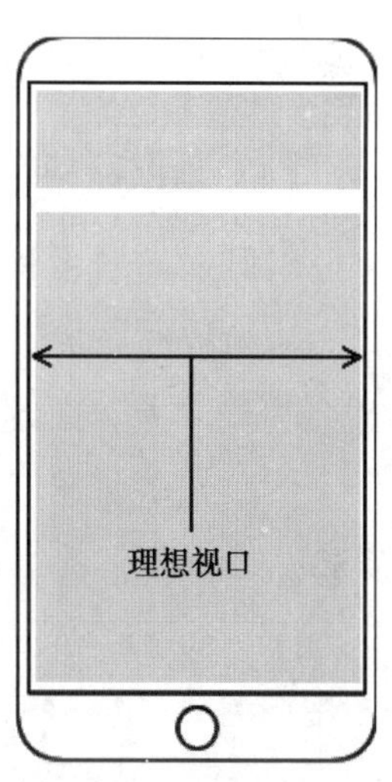

图 6–3　理想视口

因为移动设备的屏幕都不是很宽，所以那些为桌面浏览器设计的网站放到移动设备上显示时，必然会因为移动设备的视觉视口太窄而挤作一团，甚至布局被打乱。因此，当设计移动端网站时，必须有一个能完美适配移动设备的视口。首先，不需要用户缩放和使用横向滚动条就能正常查看网站的所有内容。其次，显示的文字及图片的大小合适，如一段 14 px 的文字，不会因为在一个高密度像素的屏幕里显示太小而无法看清，在各种分辨率下，显示大小都是差不多的。理想视口的意义就在于，无论在何种分辨率的屏幕下，那些针对理想视口而设计的网站，不需要用户手动缩放，也不需要出现横向滚动条，都可以完美地呈现给用户。

2. 视口的设置方法

如果希望开发的网页在浏览器中以理想视口的形式呈现，就需要利用 <meta> 标签设置视口。在 HTML5 中，将 <meta> 标签中的 name 属性设为 viewport，即可设置视口，其语法格式如下。

```
<meta name="viewport" content="width=device-width,initial-scale=1.0,minimum-scale=1.0,maximum-scale=1.0,user-scalable=no">
```

该 <meta> 标签的作用是让当前视口的宽度等于设备的宽度，同时不允许用户手动缩放。是否允许用户缩放，不同的网站可能有不同的要求，但让视口的宽度等于设备的宽度，这是统一的规范。如果不这样设定，很有可能出现横向滚动条，影响用户的浏览效果。

viewport 配置的相关参数及其含义见表 6-1。

表 6-1 viewport 配置的相关参数及其含义

参数	描述
width	设置 viewport 的宽度，可以指定为一个像素值，如 600，或者为特殊的值，如 width= device- width，用于设置布局视口的宽度，表示布局视口和可见视觉宽度相同
height	设置 viewport 的高度
initial-scale	设置初始缩放比例，即当浏览器第一次加载页面时的缩放比例，取值为 0.0 ~ 10.0
maximum-scale	允许浏览者缩放到的最大比例，取值为 0.0 ~ 10.0，一般设为 1.0
minimum-scale	允许浏览者缩放到的最小比例，取值为 0.0 ~ 10.0，一般设为 1.0
user-scalable	设置浏览者是否可以手动缩放，取值为 yes 或 no

三、媒体查询

1. 媒体查询的语法规则

媒体查询是实现响应式网站的核心技术之一，可以用来根据窗口宽度、屏幕比例和设备方向等差异来改变页面的显示方式。使用媒体查询能够在不改变页面内容的情况下，为特定的输出设备定制显示效果，也就是让不同终端设备采用符合该设备尺寸的 CSS 内容。

常用的媒体查询有两种方法。一种是内联式，即在 CSS 文件中用 @media 语句来判断用户浏览器屏幕特征，选择执行相应的 CSS 语句，其代码如下。

```
@media mediatype and|not|only(media feature){
   CSS-Code;
 }
```

另一种是外联式，即使用 <link> 标签中 media 属性来判断用户浏览器屏幕特征，选择载入相应的 CSS 文件，其代码如下。

```
<link rel="stylesheet" media="mediatype and|not|only(media feature)"
href="stylesheet.css">
```

mediatype 是指设备类型，其主要取值见表 6-2。

表 6-2 mediatype 主要取值

值	描述
all	用于所有设备

续表

值	描述
print	用于打印机和打印预览
screen	用于计算机、平板电脑、智能手机等
speech	用于屏幕阅读器等发声设备

media feature 是指媒体特征，其主要取值见表 6-3。

表 6-3　　media feature 主要取值

值	描述
resolution	设备的分辨率
orientation	设备的方向，"portrait" 为竖向、"landscape" 为横向
aspect-ratio	设备中的页面可见区域宽度与高度的比例
device-aspect-ratio	设备的屏幕可见宽度与高度的比例
height	设备中的页面可见区域高度
width	设备中的页面可见区域宽度
max-width	设备中的页面最大可见区域宽度
min-width	设备中的页面最小可见区域宽度
device-height	设备的屏幕可见高度
device-width	设备的屏幕可见宽度
max-device-height	设备的屏幕最大可见高度
max-device-width	设备的屏幕最大可见宽度

max-width 是最常用的媒体特性之一，是指媒体类型小于或等于指定宽度时，样式生效。min-width 与 max-width 相反，是指媒体类型大于或等于指定宽度时，样式生效。媒体查询可以使用关键词"and"将多个媒体特性结合在一起。也就是说，一个媒体查询中可以包含 0 个或多个表达式，表达式又可以包含 0 个或多个关键字以及一种媒体类型。例如，使用媒体查询语句，设置当浏览器窗口的宽度大于 800 像素时，背景颜色为黄色，否则是绿色，其代码可参考程序清单 6-1。

程序清单 6-1　媒体查询代码样例

```
<!DOCTYPE html>
<html>
<head>
<meta  charset=UTF-8>
<style>
body {
   background-color:green;
```

```
}
@media screen and(min-width:800px){
    body {
        background-color:yellow;
    }
}
</style>
</head>
<body>
<p> 调整浏览器窗口尺寸，当浏览器窗口的宽度大于 800 像素时，背景颜色为黄色，否则是绿色。</p>
</body>
</html>
```

2. 媒体查询常用的断点

在实际媒体查询中，常使用断点来区分手机、平板电脑、台式计算机等主要浏览设备。但由于技术发展太快，各种不同屏幕尺寸的设备推陈出新，比如一些手机的屏幕尺寸已经接近平板电脑的屏幕尺寸，所以断点选择可能会有所不同，没有确切标准。以下是一些常用的断点。

320 px～480 px：移动设备

481 px～768 px：iPad，平板电脑

769 px～1 024 px：小屏幕，笔记本电脑

1 025 px～1 200 px：台式计算机，大屏幕

1 201 px 及以上：超大屏幕电视

如程序清单 6-2 所示的媒体查询代码，实现当浏览器画面宽度在 1 024 px 以上，采用 <CSS 设置 1>，当浏览器画面宽度在 768 px 以上，采用 <CSS 设置 2>，当浏览器画面宽度在 480 px 以上，采用 <CSS 设置 3>。

程序清单 6-2　利用断点进行媒体查询代码样例

```
@media screen and(min-width:1024 px){ CSS 设置 1
}
@media screen and(min-width:768 px){ CSS 设置 2
}
@media screen and(min-width:480 px){ CSS 设置 3
}
```

四、图像适配

1. 通过 srcset 和 sizes 切换分辨率

图像是网页中非常重要的元素。如果希望网页中的图像在所有设备上都能达到较好

的显示效果，那么在不同设备上所显示的图像文件应有所区分。比如，高像素密度的屏幕，应尽量以高像素的图像显示；反之，则显示的图像像素可低一点。实现响应式图像适配的方法有多种，最简单的实现方式就是使用 HTML5 中 <img> 标签的 srcset 和 sizes 属性。

（1）srcset 属性用于根据屏幕像素密度或屏幕宽度来匹配不同的图像文件，其用法如下。

```
<img src="source.jpg " srcset="source_1280.jpg 3x,source_640.jpg 2x,source_320.jpg 1x" />
```

上述语句表示在屏幕像素密度为 3 倍、2 倍和 1 倍的时候，在这个图像的位置分别下载对应的图像文件，可在 iPhone5 和 iPhone 6 Plus 设备中得到不同测试效果，如图 6-4 所示。

图 6-4 响应式图像测试效果

除了可以根据屏幕像素密度来进行图像适配，还可以根据屏幕宽度来实现，其用法如下。

```
<img src="source.jpg " srcset="source_1280.jpg 1280w,source_640.jpg 640w,source_320.jpg 320w" />
```

上述语句表示在屏幕宽度分别达到 1 280wpx 和 640wpx 的时候，在这个图像的位置分别下载对应的图像文件。

（2）sizes 属性可以使用类似媒体查询语句来设置图像大小，其作用就在于告诉浏览器根据屏幕尺寸和像素密度的计算值从 srcset 中选择最佳的图片源。首先浏览器会读取 sizes，然后根据媒体情况来选择，用匹配到的值乘以屏幕像素密度，最终值再与 srcset 中的宽度描述匹配来选择图片，其用法如下。

```
<img src="source1.jpg" srcset="source1.jpg 128w,source2.jpg 256w,source3.jpg 512w"  sizes="(max-width:360px)340px,128px"/>
```

上述语句表示当视区宽度不大于 360 像素时，图片的宽度限制为 340 像素，其他情况下使用 128 像素。

2. 背景图片的缩放

在电子商务网站开发中，除了使用插入的图片，还经常会用到背景图片，在 CSS3 中提供了 background-size 属性来定义背景图片的尺寸，从而达到背景图片的缩放效果，其基本语法格式如下。

```
background-size: 背景图片的宽度  背景图片的高度 ;
```

background-size 设置的宽度和高度可以是像素或百分比，例如背景图片尺寸为 500 px × 500 px，设置 <div> 标签的样式代码，宽、高均为 500 px 的情况下，图片正好填充整个 div 区域，如图 6-5 左边效果图所示。通过添加 background-size 属性将背景图片的宽度、高度比例设置为 60%，浏览器将会自动等比例缩放背景图片，如图 6-5 右边效果图所示。该代码可参考程序清单 6-3。

图 6-5　background-size 属性显示效果

程序清单 6-3　background-size 属性显示代码样例

```
<!DOCTYPE html>
<html>
<head>
<meta charset="UTF-8">
<title>background-size 属性 </title>
<style type="text/css">
.box {
    background-image:url(images/qiandaohu.jpeg);
    background-repeat:no-repeat;
    background-color:#0CF;
```

```
    height:500px;
    width:500px;
    border:1px solid #000;
    /* 通过添加 background-size 属性设置背景图片的宽度、高度比例，来达到背景图片的缩
放效果 */
    background-size:60%;
}
</style>
</head>
<body>
<div class="box"></div>
</body>
</html>
```

除此之外，还可以用 background-size 的其他属性值（见表 6–4）实现不同的缩放效果。

表 6–4　background-size 属性值

属性值	说明
cover	把背景图像扩展至足够大，以使背景图像完全覆盖背景区域
contain	把背景图像扩展至最大尺寸，以使其宽度和高度完全适应内容区域

任务实施

1. 使用媒体查询和图像适配等技术创建响应式网页，该页面可根据不同的窗口尺寸来选择使用不同的样式，页面中包含 3 个商品图片，当窗口宽度在 1 024 px 以上时，3 个商品并列显示；当窗口宽度在 768 px 以上、1 024 px 以下时，右侧商品将隐藏不再显示；当窗口宽度不大于 768 px 时，页面只显示中间的商品，如图 6–6 至图 6–8 所示。

图 6–6　窗口宽度在 1 024 px 以上时的效果

图 6-7　窗口宽度在 768 px 以上、1 024 px 以下时的效果

图 6-8　窗口宽度不大于 768 px 时的效果

操作提示：

（1）在网站根目录中创建 images 文件夹来存放图片素材，创建 index.html 和 style.css 文件。

（2）鲜花商城页面主要由标题和商品图片构成，标题部分是在 div#header 中使用 <h1> 标签来实现标题效果，商品图片是在 div#main 中使用 3 个嵌套 div 实现图片效果，页脚文字放置在 div#footer 中。HTML 结构代码可参考程序清单 6-4。

程序清单 6–4　鲜花商城 HTML 结构代码样例

```
<!DOCTYPE html>
<html>
<head>
<meta charset="UTF-8">
<title> 鲜花商城 </title>
<meta name="viewport" content="user-scalable=no,width=device-width,initial-scale=1.0,maximum-scale=1.0">
<link href="style.css" rel="stylesheet" type="text/css">
</head>
<body>
   <div id="header">
         <br/>
         <h1> 遇见花开的季节 </h1>
   </div>
   <div id="main">
        <div id="main_left"></div>
        <div id="main_center"></div>
        <div id="main_right"></div>
   </div>
   <div id="footer"><br/>SPRING</div></body>
</html>
```

（3）在 style.css 文件中编写公共样式及标题部分的样式代码，设置 div 的页面居中效果和标题文字的字体效果，基本样式代码可参考程序清单 6–5。

程序清单 6–5　鲜花商城基本样式代码样例

```
*
{
	padding:0px;
	margin:0px;
	font-family:" 微软雅黑 ";
}
#header
{
	height:100px;
	border:solid 1px white;
	margin:0px auto;
	font-size:25px;
}
#main
{
	margin:10px auto;
```

```
        height:400px;
}
#footer
{
        margin:0px auto;
        height:100px;
        border:solid 1px white;
        font-size:30px;
}
```

（4）使用媒体查询实现不同屏幕尺寸下网页的适配布局，即在浏览器窗口不大于不同屏幕尺寸时，商品显示将发生改变，并通过添加 background-size：cover 属性实现响应式图像适配。具体代码可参考程序清单 6-6（为了方便理解此处代码暂不优化）。

程序清单 6-6　鲜花商城媒体查询样式代码样例

```
  /* 窗口宽度不大于 768px*/
  @media screen and(max-width:768px)
{
    #header
    {
        width:300px;
        text-align:center;
        font-size:18px;
    }
    #footer
    {
        width:300px;
        text-align:center;
        font-size:medium;
    }
    #main
    {
        width:300px;
        height:400px;
    }
    #main_left
    {
        display:none;
    }
    #main_center
    {
        width:304px;
        height:400px;
```

```
        border:solid 3px white;
        background-image:url(images/pic_center.jpg);
        background-position:center center;
        background-size:cover;
    }
    #main_right
    {
        display:none;
    }
}
/* 窗口宽度在 768px 以上、1024px 以下 */
 @media screen and(min-width:769px)and(max-width:1024px)
{
    #header,#footer
    {
        width:600px;
        text-align:center;
    }
    #main
    {
        width:600px;
        height:400px;
    }
    #main_left
    {
        width:250px;
        height:400px;
        float:left;
        border:solid 3px white;
        background-image:url(images/pic_left.jpg);
        background-position:center center;
        background-size:cover;
    }
    #main_center
    {
        width:338px;
        height:400px;
        border:solid 3px white;
        float:left;
        background-image:url(images/pic_center.jpg);
        background-position:center center;
        background-size:cover;
    }
    #main_right
```

```
    {
        display:none;
    }
}
/* 窗口宽度在 1024px 以上 */
  @media screen and(min-width:1025px)
{
    #header,#footer
    {
        width:1000px;
        text-align:center;
    }
    #main
    {
        width:1000px;
        height:420px;
    }
    #main_left
    {
        width:300px;
        height:420px;
        border:solid 3px white;
        float:left;
        background-image:url(images/pic_left.jpg);
        background-position:center center;
        background-size:cover;
    }
    #main_center
    {
        width:382px;
        height:420px;
        border:solid 3px white;
        float:left;
        background-image:url(images/pic_center.jpg);
        background-position:center center;
        background-size:cover;
    }
    #main_right
    {
        width:300px;
        height:420px;
        border:solid 3px white;
        float:left;
```

```
        background-image:url(images/pic_right.jpg);
        background-position:center center;
        background-size:cover;
    }
}
```

（5）保存代码，在浏览器中运行测试，如图 6-9 所示，观察在不同的窗口宽度下布局容器的显示效果。

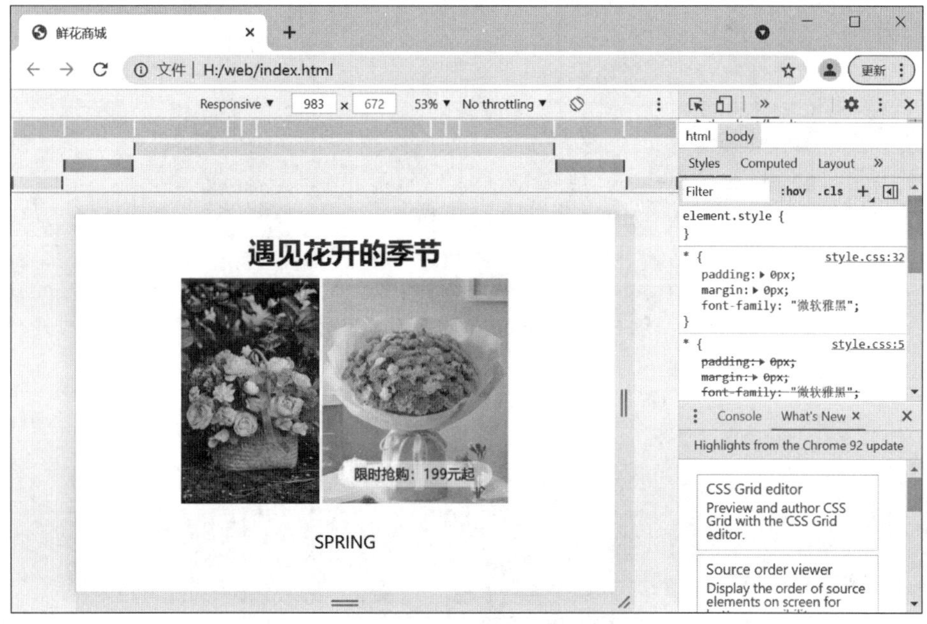

图 6-9　浏览器预览

2. 请利用流式布局和弹性布局方法，借助媒体查询、图像适配等技术，实现响应式页面效果。页面内容包括导航条、广告宣传及商品图片展示等，桌面端页面效果如图 6-10 所示，移动端页面效果如图 6-11 所示。

操作提示：

（1）在网站根目录中创建 images 文件夹来存放图片素材，创建 index.html 和 style.css 文件。

（2）绿植商城页面主要由导航部分、广告区域、商品展示模块和页脚模块构成。导航部分是在 <header> 标签中使用 <ul>、<h1>、<nav> 标签实现菜单效果；广告区域放置在主体内容第一部分，使用 <section>、<div> 标签等；商品展示模块放置在主体内容第二部分，使用了图文结构 <figure> 标签，对应每个商品信息；页脚模块放置在 <footer> 标签中。HTML 结构代码可参考程序清单 6-7。

图 6–10　绿植商城桌面端页面效果

图 6–11　绿植商城移动端页面效果

程序清单 6–7　绿植商城 HTML 结构代码样例

```
<!DOCTYPE html>
<html>
<head>
    <meta charset="UTF-8">
    <title> 绿植商城 </title>
    <meta name="viewport" content="user-scalable=no,width=device-
width,initial-scale=1.0,maximum-scale=1.0">
    <link href="style.css" rel="stylesheet" type="text/css">
</head>
<body>
    <header id="header">
    <section class="menu">
    Menu
    <ul>
        <li><a href="#"> 首页 </a></li>
        <li><a href="#"> 新品推荐 </a></li>
        <li><a href="#"> 观叶植物 </a></li>
        <li><a href="#"> 观花植物 </a></li>
        <li><a href="#"> 盆景 </a></li>
        <li><a href="#"> 园艺辅料 </a></li>
    </ul>
    </section>
    <section class="logo">
        <h1><a href="#" title=" 绿植商城 "> 绿植商城 </a></h1>
    </section>
    <!-- 中间菜单选项 -->
    <nav class="nav">
        <a href="#"> 首页 </a>
        <a href="#"> 新品推荐 </a>
        <a href="#"> 观叶植物 </a>
        <a href="#"> 观花植物 </a>
        <a href="#"> 盆景 </a>
        <a href="#"> 园艺辅料 </a>
    </nav>
    <a href="#" class="login"> 登录 </a>
    </header>
    <!-- 放后面背景图片 -->
    <section id="banner"></section>
    <!-- 主体内容 -->
    <section id="main">
    <!-- 主体内容第一部分 -->
        <section class="pic">
        <div class="pic-left">
```

```
            <a href="#"><img src="images/swiper.jpg" alt=""></a>
        </div>
        <div class="pic-right">
            <a href="#"><img src="images/pic1.png" alt=""></a>
            <a href="#"><img src="images/pic2.png" alt=""></a>
        </div>
        </section>
    <!-- 主体内容第二部分 -->
        <section class="photobox">
    <!-- 图文结构 -->
            <figure>
                <img src="images/item1.jpg" alt="">
                <figcaption>
                    <strong>绿色植物 </strong>
                        <div>
                            <span>价格 :99 元 </span>
                        </div>
                </figcaption>
            </figure>
            <!-- 此处省略多个 <figure></figure> 内容 -->
        </section>
    </section>
    <footer id="footer">
      <a href="#">关于我们 </a>
      <a href="#">联系我们 </a>
      <a href="#">联系客服 </a>
      <a href="#">合作招商 </a>
      <a href="#">营销中心 </a>
      <a href="#">友情链接 </a>
      <p>Copyright &copy;  绿植商城电子商务有限公司  版权所有
</p>
</footer>
</body>
</html>
```

（3）在 style.css 文件中编写公共样式，结合流式布局和弹性布局理论完成整体样式代码的编写，具体代码可参考程序清单 6-8。

程序清单 6-8　绿植商城公共样式及基本样式代码样例

```
@charset "UTF-8";
/*CSS Document*/
*{
    margin:0;
```

```
    padding:0;
    }
a{
    text-decoration:none;
    }
ul{
    list-style:none;
    }
/* 设置头部固定 */
#header{
    position:fixed;
    width:100%; /* 宽通栏自适应 */
    height:50px;
    background:rgba(255,255,255,0.5);
    display:flex;/* 转为弹性盒 */
    padding:0 50px;
    box-sizing:border-box;
    justify-content:space-between;
    align-items:center;
    }
#header a{
    color:#000;
    }
.logo a{
    display:block;
    width:150px;
    height:50px;
    background:url(images/logo.png)no-repeat;
    background-size:cover;
    text-indent:-9999px;
    }
.nav{
    display:flex;
    }
.nav a{
    line-height:50px;
    padding:0 26px;
    }
.menu{
    display:none;/* 隐藏菜单 */
    }
#banner{
    height:250px;
    background:url(images/top-bg.png)no-repeat center top;
```

```
    background-size:cover;/* 等比例缩放图片 */
    }

/* 主体内容第一部分 */
.pic{
    display:flex; /* 变弹性盒 */
    padding:0 10px;
    justify-content:space-between;
    flex-wrap:wrap;
    align-content:flex-start;
    margin-top:10px;
    }
.pic-left{
    width:49%;/* 留空隙 */
    }
.pic-left a{
    display:block;
    }
.pic-left a img{
    width:100%;/* 图片只写宽不写高等比例缩放 */
    }
.pic-right{
    width:49%;
    display:flex;
    justify-content:space-between;
    }
.pic-right a{
    display:block;
    width:49%;
    }
.pic-right a img{
    width:100%;
    }
/* 主体内容第二部分 */
.photobox{
    display:flex; /* 弹性盒 */
    justify-content:space-around;
    flex-wrap:wrap;
    align-content:flex-start;
    flex-direction:row;
    }
.photobox figure{
    width:24%;    /* 每个部分占 24% 剩下 4% 做间隔 */
    padding:5px;
```

```
    box-sizing:border-box;
    box-shadow:3px 3px 10px #999;
    margin-top:20px;
    margin-left:5px;
    margin-right:5px;
    }
.photobox figure img{
    width:100%;
    }
#footer{
    text-align:center;
    height:50px;
    margin-top:0;
    margin-right:auto;
    margin-bottom:0;
    margin-left:auto;
    padding-top:20px;
    padding-bottom:20px;
    line-height:30px;
    font-size:14px;
        }
#footer a {
    color:#000;
    }
```

（4）使用媒体查询实现不同屏幕尺寸下网页的适配布局。当浏览器窗口不大于不同屏幕尺寸时，导航部分和商品展示模块每行子元素数量会发生改变，具体代码可参考程序清单 6-9。

程序清单 6-9　绿植商城媒体查询样式代码样例

```
/* 媒体查询 */
@media only screen and(max-width:1024px){
.nav{
    display:none;
    }
.menu{
    display:block;
    height:50px;
    line-height:50px;
    color:#000;
    cursor:pointer;
    }
.menu ul{
```

```
    position:absolute;
    left:0;
    top:50px;
    width:100%;
    display:none;
    }
.menu:hover>ul{
    display:block;
    }
.menu ul li a{
    display:block;
    height:50px;
    background:rgba(93,154,81,0.5);
    text-align:center;
    text-decoration:underline;
    }
.pic{
    justify-content:center;
    }
.pic-left{
    width:98%;
    margin-top:10px;
    }
.pic-right{
    width:98%;
    margin-top:10px;
 }
.photobox figure{
    width:48%;
}
}
/* 当屏幕宽度小于 767px 时主体第二部分的 figure 宽度 */
@media only screen and(max-width:767px){
.photobox figure{
    width:96%;
}
}
```

（5）保存代码，在浏览器中运行测试，如图 6-12 所示，观察在不同的窗口宽度下布局容器的显示效果。

图 6–12　浏览器预览

思考拓展

1. 请简述 <meta> 标签的属性及含义。

2. 简述媒体查询的含义及媒体查询在网页开发中的作用。

任务二　使用 Bootstrap 制作简单的响应式网页

学习目标

知识目标

1. 了解 Bootstrap 的功能特性。
2. 理解 Bootstrap 中栅格系统的原理。

3. 掌握 Bootstrap 中导航条、轮播插件等组件的使用。

技能目标

1. 能够使用 Bootstrap 灵活布局网页。
2. 能够使用各组件组合成完整的网页。

任务分析

虽然使用 CSS3 的媒体查询、流式布局等技术可以直接制作响应式网页，但必须分别设计适合于不同屏幕大小的页面 CSS 样式效果，代码比较烦琐。为此，网站开发人员通常借助 Bootstrap 框架进行响应式网页设计。本任务重点学习使用 Bootstrap 制作简单的响应式网页。

相关知识

一、Bootstrap 环境搭建

1. Bootstrap 功能特性

Bootstrap 是用于快速开发 Web 应用程序的前端框架。Bootstrap 基于 HTML、CSS、JavaScript 等技术，内置了大量的页面样式、可重用的组件、JavaScript 插件。用户基于 Bootstrap，可以快速构建网站原型甚至是构建企业级的网站。

CSS3 使用媒体查询技术实现响应式布局，当页面缩放到某一指定宽度时，会根据用户的设计来改变页面样式。Bootstrap 使用栅格系统来支持响应式布局，能更好地适应台式计算机、平板电脑和手机应用的 Web 页面开发，可以让用户获得更好的浏览体验，充分体现了移动设备优先的理念。

Bootstrap 包括以下内容。①基本页面结构。包括网格系统、链接样式、背景等。②全局的 CSS 设置。包括定义基本的 HTML 元素样式、可扩展的 class 以及网格系统。在标签中使用 Bootstrap 提供的 CSS 类，即可轻松实现多种已定义好的基本样式。③可重用组件。Bootstrap 包含了十几个可重用的组件，用于创建图像、下拉菜单、导航、警告框、弹出框等。④ JavaScript 插件。包含了十几个自定义的 jQuery 插件。

2. Bootstrap 下载安装

Bootstrap 的文件和源代码可以在其官方网站下载。打开网站的主页，单击“下载 Bootstrap”按钮，跳转到下载页面，会看到 3 个下载链接，如图 6-13 所示。

选择“下载 Bootstrap”按钮，该链接下载的内容是 Bootstrap 编译版的文件，即编译并压缩后的 CSS、JavaScript 和字体文件，不包含文档和源代码文件。下载成功后，解压缩 ZIP 文件，将看到如图 6-14 所示的目录结构。

下载

Bootstrap（当前版本 v3.4.1）提供以下几种方式帮你快速上手，每一种方式针对具有不同技能等级的开发者和不同的使用场景。继续阅读下面的内容，看看哪种方式适合你的需求吧。

用于生产环境的 Bootstrap

编译并压缩后的 CSS、JavaScript 和字体文件。不包含文档和源代码文件。

下载Bootstrap

Bootstrap 源码

Less、JavaScript 和字体文件的源代码，并且带有文档。**需要 Less 编译器和一些设置工作。**

下载源代码

Sass

这是 Bootstrap 从 Less 到 Sass 的源代码移植项目，用于快速地在 Rails、Compass 或只针对 Sass 的项目中引入。

下载Sass项目

图 6–13　Bootstrap 下载页面

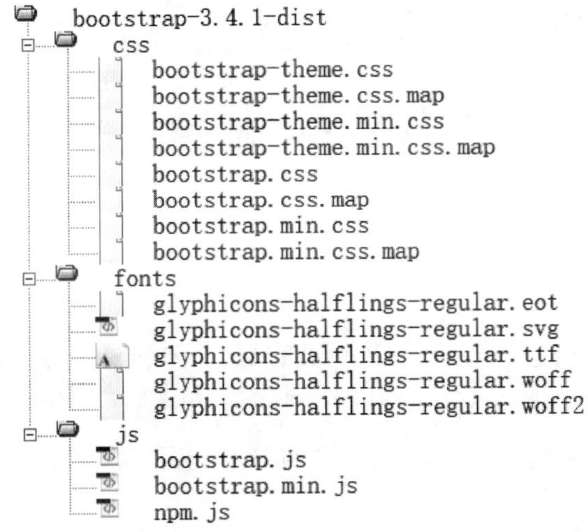

图 6–14　Bootstrap 目录结构

bootstrap-3.4.1-dist 文件夹包含了编译后可以直接使用的 Bootstrap 文件，其中，css 和 js 文件夹中是编译好的 CSS 和 JavaScript（bootstrap.*）文件，还有经过压缩的 CSS 和 JavaScript（bootstrap. min.*）文件。fonts 文件夹包含了来自 Glyphicons 的图标字体文件。

3. 创建 Bootstrap 页面

在网站中使用 Bootstrap，必须引入 jquery.js、bootstrap.min.js 和 bootstrap.min.css 文件。

与引入其他 CSS 或 JavaScript 文件一样，使用 <script> 标签引入 JavaScript 文件，使用 <link> 标签引入 CSS 文件。需要注意的是，Bootstrap 的 JavaScrip 效果都是基于 jQuery 的，如果要使用 Bootstrap 的 JavaScript 动态效果，需要先引入 jQuery。

使用 Bootstrap 的基本 HTML 模板代码可参考程序清单 6–10。

程序清单 6-10　使用 Bootstrap 的基本 HTML 模板代码样例

```
<!DOCTYPE html>
<html>
<head>
<title>Bootstrap 模板 </title>
<meta charset="UTF-8">
    <meta name="viewport" content="width=device-width,initial-scale=1.0">
     <!-- 引入 Bootstrap -->
     <link href="bootstrap/css/bootstrap.min.css" rel="stylesheet">
</head>
<body>
<h1>Hello,world!</h1>
      <!-- jQuery(Bootstrap 的 JavaScript 插件需要引入 jQuery)-->
      <script src="jquery/jquery.min.js"></script>
      <!-- 包括所有已编译的插件 -->
      <script src="bootstrap/js/bootstrap.min.js"></script>
</body>
</html>
```

二、栅格系统

1. 栅格系统的原理

Bootstrap 内置的栅格系统主要用于页面布局。栅格是由一系列相交（垂直、水平）的直线组成的格子，用来承载网页内容。

栅格系统通过一系列包含内容的行和列来创建页面布局。栅格布局主要使用以下类。

（1）.container 类和 .container-fluid 类

在 Bootstrap 页面布局中，这两个类用来定义栅格容器。.container 类用于固定宽度并支持响应式布局；.container-fluid 类用于设置 100% 宽度，占据全部视口的宽度。

（2）.row 类

.row 类用来定义栅格中的一个行容器。

（3）.col-[ScreenStyle]-[percent] 类

.col-[ScreenStyle]-[percent] 类是组合类。可以通过使用组合类名，来定义栅格行中的具体栅格。其中，ScreenStyle 选项是设备类型，取值为 xs、sm、md、lg，xs 代表超小型设备，sm 代表小型设备，md 代表中型设备，lg 代表大型设备；percent 选项指明栅格在一行中占多少列，取值为 1～12。

2. 栅格系统的基本使用方法

Bootstrap 栅格系统的基本使用方法如下。

（1）Bootstrap 栅格系统为不同屏幕宽度定义了不同的类，使用非常方便，直接为元素添加类名即可。

（2）行（row）必须包含在 .container 类或 .container-fluid 类中，这样方便为其自动设置外边距和内边距。

（3）通过行可以创建水平方向的列组，并且只有列（column）可以作为行的直接子元素。例如，可以使用 3 个 .col-xs-4 创建 3 个等宽的列。

（4）内容只能放置于列内，列大于 12 时，将会另起一行排列。

由于栅格系统默认将父元素分成 12 等份，所以可根据占据的份数来设置子元素的宽度。以下代码说明了如何通过类前缀设置栅格系统每列宽度。

```
col- 栅格的数量（设置超小型设备）
col-sm- 栅格的数量（设置平板设备）
col-md- 栅格的数量（设置桌面显示器）
col-lg- 栅格的数量（设置大桌面显示器）
col-xl- 栅格的数量（设置超大桌面显示器）
```

上述代码中，在设置列的宽度时，只需要在不同的类前缀后面加上栅格数量即可。例如，col-sm-4 表示在平板设备下元素占 4 份。

三、Bootstrap 的组件和插件

组件是基于 HTML 基本元素设计的可重复使用的对象。插件是使用 JavaScript 或 jQuery 对组件更高层次的封装，为组件赋予了动态的“生命”。Bootstrap 组件是 Bootstrap 框架的核心之一，可以利用 Bootstrap 组件构建出绚丽的页面。常用的组件有图标（glyphicon）、下拉菜单（dropdown）、输入框（input-group）、导航（nav）与导航条（navbar）、缩略图（thumbnail）与媒体对象（media object）、列表组（listgroup）等。通过这些组件和插件，可以大大简化网页元素的设计并且制作出精美的网页。下面重点介绍导航和导航条组件、轮播插件。

1. 导航和导航条组件

导航是网页设计中必备的也是非常重要的一种元素，它可以方便地让用户快速找到所需要的功能及信息。Bootstrap 中导航的相关模板存储在 .nav 类中，属于公共类。常见的导航类型有选项卡导航（nav-tabs）、胶囊式选项卡导航（nav-pills）、自适应导航（nav-justified）。选项卡导航页面效果如图 6-15 所示。选项卡导航代码可参考程序清单 6-11。

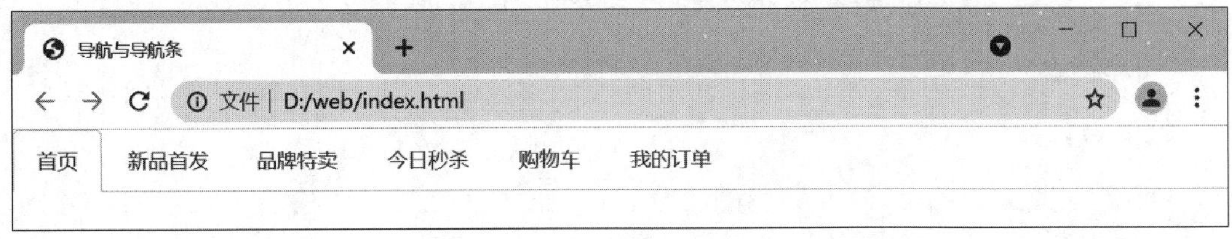

图 6-15　选项卡导航页面效果

程序清单 6-11　选项卡导航代码样例

```
<body>
    <ul class="nav nav-tabs">
        <li class="active"><a href="#"> 首页 </a></li>
        <li><a href="#"> 新品首发 </a></li>
        <li><a href="#"> 品牌特卖 </a></li>
        <li><a href="#"> 今日秒杀 </a></li>
        <li><a href="#"> 购物车 </a></li>
        <li><a href="#"> 个人信息 </a></li>
    </ul>
</body>
```

胶囊式选项卡导航和自适应导航与选项卡导航的用法非常相似，将 class="nav nav-tabs" 分别改成 class="nav nav-pills" 和 class="nav nav-justified" 即可。胶囊式选项卡导航页面效果如图 6-16 所示，自适应导航页面效果如图 6-17 所示。

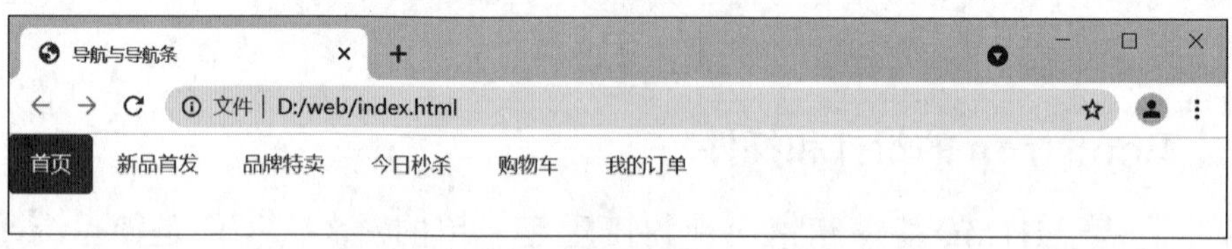

图 6-16　胶囊式选项卡导航页面效果

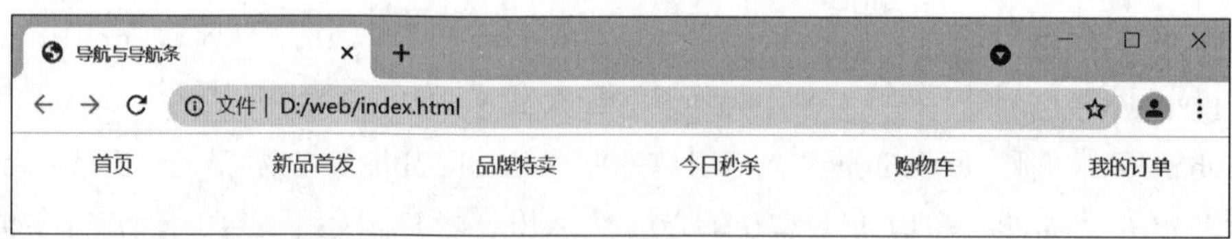

图 6-17　自适应导航页面效果

导航条拥有一个统一的背景条，可囊括所有元素，并且对于不同大小的显示设备，导航条会产生相应的变化以适应设备大小，即导航条可以进行折叠，也可以水平展开。常见的导航条应用有基础导航条、导航条顶部固定或底部固定、响应式导航条。

基础导航条页面效果如图 6-18 所示。

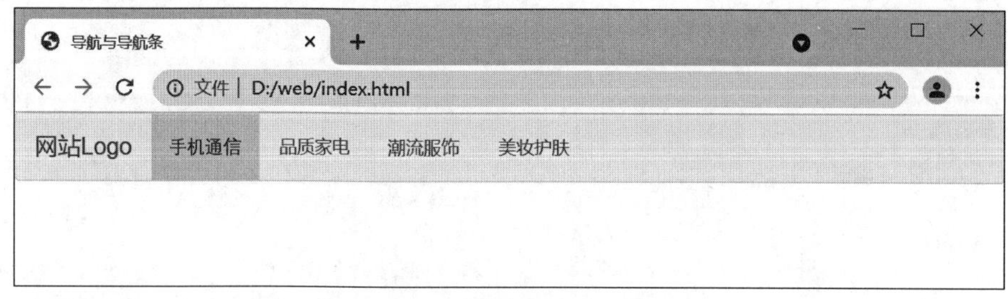

图 6-18　基础导航条页面效果

其代码可参考程序清单 6-12。

程序清单 6-12　基础导航条代码样例

```
<body>
<nav class="navbar navbar-default" role="navigation">
    <div class="container-fluid">
    <div class="navbar-header">
        <a class="navbar-brand" href="#">网站 Logo</a>
    </div>
    <div>
        <ul class="nav navbar-nav">
            <li class="active"><a href="#">手机通信 </a></li>
            <li><a href="#">品质家电 </a></li>
            <li><a href="#">潮流服饰 </a></li>
            <li><a href="#">美妆护肤 </a></li>
        </ul>
    </div>
    </div>
</nav>
</body>
```

此外，导航条还可以固定在顶部或者底部，其代码可参考程序清单 6-13。

程序清单 6-13　导航条顶部固定或底部固定代码样例

```
<body>
  <!-- 导航条顶部固定 -->
  <nav class="navbar navbar-default navbar-fixed-top" role="navigation">
    ……
  </nav>
  <!-- 导航条底部固定 -->
  <nav class="navbar navbar-default navbar-fixed-bottom" role="navigation">
    ……
  </nav>
</body>
```

桌面端的响应式导航条默认显示所有内容，页面效果如图 6-19 所示。

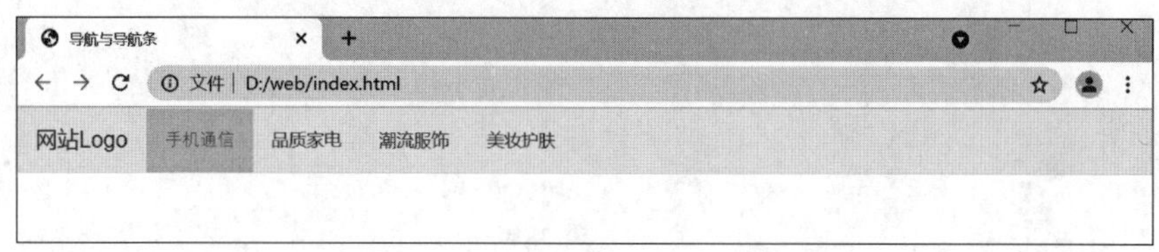

图 6-19　桌面端响应式导航条页面效果

移动端的响应式导航条只显示网站标志及折叠展开按钮，页面效果如图 6-20 所示。

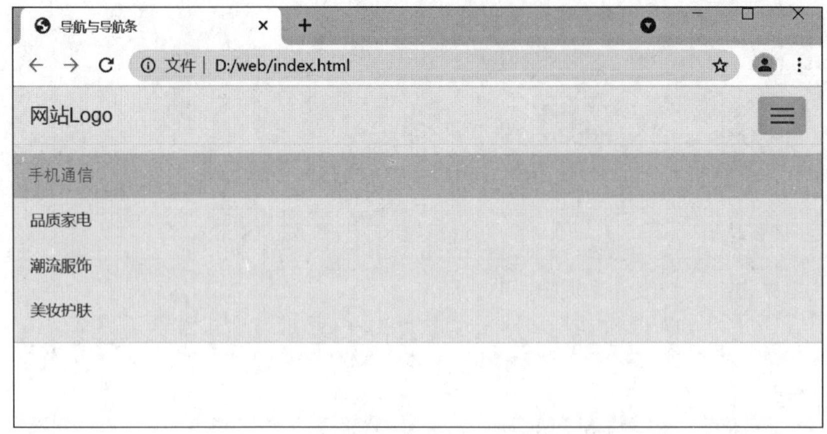

图 6-20　移动端响应式导航条页面效果

响应式导航条代码可参考程序清单 6-14。

程序清单 6-14　响应式导航条代码样例

```
<body>
<nav class="navbar navbar-default" role="navigation">
    <div class="container-fluid">
    <div class="navbar-header">
    <button type="button" class="navbar-toggle"
data-toggle="collapse" data-target="#example-navbar-collapse">
            <span class="sr-only">切换导航</span>
            <span class="icon-bar"></span>
            <span class="icon-bar"></span>
            <span class="icon-bar"></span>
        </button>
        <a class="navbar-brand" href="#">网站 Logo</a>
    </div>
    <div class="collapse navbar-collapse" id="example-navbar-collapse">
        <ul class="nav navbar-nav">
            <li class="active"><a href="#">手机通信</a></li>
            <li><a href="#">品质家电</a></li>
            <li><a href="#">潮流服饰</a></li>
            <li><a href="#">美妆护肤</a></li>
        </ul>
    </div>
    </div>
</nav>
</body>
```

2. 轮播插件

轮播（Carousel）插件可用于响应式地向页面添加滑块式的显示效果。轮播的内容可以是图像、内嵌框架、视频或者其他想要放置的任何类型的内容。轮播插件是由Bootstrap 提供的脚本文件 carousel.js 来实现的。使用 Carousel 插件实现轮播效果代码可参考程序清单 6–15。

程序清单 6–15　使用 Carousel 插件实现轮播效果代码样例

```
<body>
<div id="myCarousel" class="carousel slide">
   <!-- 轮播 (Carousel) 指标 -->
   <ol class="carousel-indicators">
       <li data-target="#myCarousel" data-slide-to="0" class=
"active"></li>
      <li data-target="#myCarousel" data-slide-to="1"></li>
      <li data-target="#myCarousel" data-slide-to="2"></li>
   </ol>
   <!-- 轮播 (Carousel) 项目 -->
   <div class="carousel-inner">
      <div class="item active">
         <img src="images/1.jpg" alt="First slide">
      </div>
      <div class="item">
         <img src="images/2.jpg" alt="Second slide">
      </div>
      <div class="item">
         <img src="images/3.jpg" alt="Third slide">
      </div>
   </div>
   <!-- 轮播 (Carousel) 导航 -->
   <a class="left carousel-control" href="#myCarousel" role="button"
data-slide="prev">
      <span class="glyphicon glyphicon-chevron-left" aria-hidden=
"true"></span>
      <span class="sr-only">Previous</span>
   </a>
   <a class="right carousel-control" href="#myCarousel" role="button"
data-slide="next">
      <span class="glyphicon glyphicon-chevron-right" aria-
hidden="true"></span>
      <span class="sr-only">Next</span>
   </a>
</div>
</body>
```

Bootstrap 默认的轮播图播放效果是横向占满整个浏览器窗口，可以通过设置外层容器的 width 值调整轮播图的宽度，在 <head> 标签中添加样式文件，页面效果如图 6–21 所示。为轮播图添加样式代码可参考程序清单 6–16。

图 6–21　桌面端响应式导航条轮播页面效果

程序清单 6–16　为轮播图添加样式代码样例

```
<style>
#myCarousel{
    margin:0 auto;
    width:760px;
    }
</style>
```

任务实施

“新潮数码商城”是一个数码类电子商务网站，十分注重网站的响应式设计，希望在移动端也能为客户提供良好的用户体验。请运用 Bootstrap 提供的样式、组件和插件等，完成网站主页的响应式页面制作，网页整体效果如图 6–22 所示。

操作提示：

（1）在网站根目录中创建 css、fonts、images、js 文件夹，分别来存放 Bootstrap 文件及图片素材等。

（2）创建 index.html 和 style.css 文件，编写 index.html 初始化代码（见程序清单 6–17）。

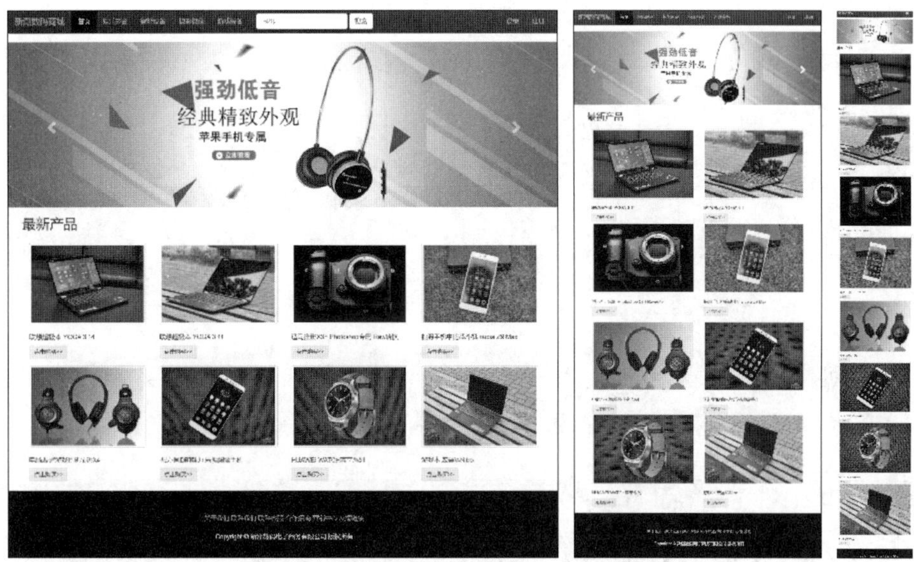

图 6-22　响应式网页整体效果

程序清单 6-17　index.html 初始化代码样例

```
<!DOCTYPE html>
<html>
<head>
<title>新潮数码商城</title>
<meta charset="UTF-8">
<meta name="viewport" content="width=device-width,initial-scale=1">
<link rel="stylesheet" href="css/style.css">
<link rel="stylesheet" href="css/bootstrap.min.css">
<script src="js/jquery-2.1.1.min.js"></script>
<script src="js/bootstrap.min.js"></script>
</head>
<body>
</body>
</html>
```

（3）主页的结构由导航栏、轮播图、最新产品模块、底部版权声明模块组成，由此来编写 index.html 页面关键代码（见程序清单 6-18）。

程序清单 6-18　index.html 页面结构代码样例

```
<body>
   <!-- 导航 -->
   <nav class="navbar navbar-inverse navbar-fixed-top">
   </nav>
   <!-- 轮播图 -->
   <div id="myCarousel" class="carousel slide" data-ride="carousel">
```

```
    </div>
    <!-- 最新产品模块 -->
    <div class="main">
    </div>
    <!-- 底部版权声明模块 -->
    <footer>
    </footer>
</body>
```

（4）导航栏模块可以分为 3 个部分，包括网站标志区域、折叠按钮区域、导航列表、表单区域和登录区域。导航栏模块在桌面端的页面效果如图 6–23 所示。

图 6–23　导航栏桌面端页面效果

在移动设备上，导航菜单会折叠，同时出现一个“☰”按钮，页面效果如图 6–24 所示。

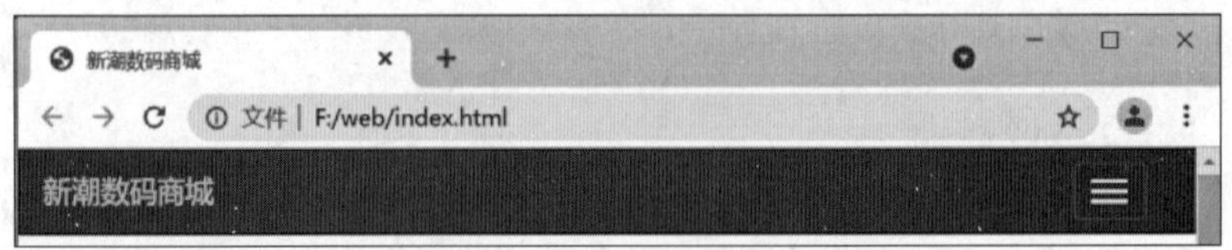

图 6–24　导航栏移动端页面效果

单击图 6–24 中的“☰”按钮，折叠菜单会展开，页面效果如图 6–25 所示。

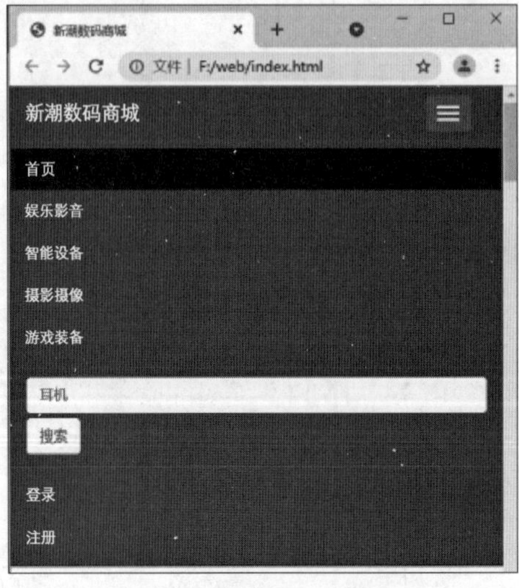

图 6–25　导航栏展开效果

导航栏模块代码可参考程序清单 6-19。

程序清单 6-19 导航栏模块代码样例

```
<nav class="navbar navbar-inverse">
   <div class="container-fluid">
       <button type="button" class="navbar-toggle collapsed" data-toggle="collapse" data-target="#navbar">
           <span class="sr-only"> 切换导航 </span>
           <span class="icon-bar"></span>
           <span class="icon-bar"></span>
           <span class="icon-bar"></span>
       </button>
       <div class="navbar-header">
           <a class="navbar-brand" href="#"> 新潮数码商城 </a>
       </div>
       <div class="collapse navbar-collapse" id="navbar">
           <ul class="nav navbar-nav">
               <li class="active"><a href="#"> 首页 </a></li>
               <li><a href="#"> 娱乐影音 </a></li>
               <li><a href="#"> 智能设备 </a></li>
               <li><a href="#"> 摄影摄像 </a></li>
               <li><a href="#"> 游戏装备 </a></li>
           </ul>
           <form class="navbar-form navbar-left">
       <div class="form-group">
         <input type="text" class="form-control" placeholder=" 耳机 ">
       </div>
       <button type="submit" class="btn btn-default"> 搜索 </button>
      </form>
           <ul class="nav navbar-nav navbar-right">
               <li><a href="#"> 登录 </a></li>
               <li><a href="#"> 注册 </a></li>
           </ul>
       </div>
   </div>
</nav>
```

（5）轮播图模块可以分为 3 个部分，包括轮播图片展示区域、指示器区域和左右切换按钮区域，轮播图模块在桌面端的页面效果如图 6-26 所示。

在移动设备上，图片的缩放比例会改变，页面效果如图 6-27 所示。

轮播图模块代码可参考程序清单 6-20。

图 6-26　轮播图桌面端页面效果

图 6-27　轮播图移动端页面效果

程序清单 6-20　轮播图模块代码样例

```
<div id="myCarousel" class="carousel slide" data-ride="carousel">
   <!-- 轮播计数器 Indicators -->
   <ol class="carousel-indicators">
      <li data-target="#myCarousel" data-slide-to="0" class="active"></
li>
      <li data-target="#myCarousel" data-slide-to="1"></li>
      <li data-target="#myCarousel" data-slide-to="2"></li>
   </ol>
   <!-- 轮播项目 Wrapper for slides -->
   <div class="carousel-inner" role="listbox">
      <div class="item active">
        <img src="images/slider1.jpg" width="1366" height="400">
      </div>
      <div class="item">
      <img src="images/slider2.jpg" width="1366" height="400"> </div>
      <div class="item">
      <img src="images/slider3.jpg" width="1366" height="400"> </div>
```

```
    </div>
    <!-- 轮播控制器 Controls -->
    <a class="left carousel-control" href="#myCarousel" role="button" data-
slide="prev">
        <span class="glyphicon glyphicon-chevron-left"></span>
        <span class="sr-only">Previous</span>
    </a>
    <a class="right carousel-control" href="#myCarousel" role="button" data-
slide="next">
        <span class="glyphicon glyphicon-chevron-right"></span>
        <span class="sr-only">Next</span>
    </a>
</div>
```

（6）最新产品模块可以分为两个部分，包括标题区域和信息区域，设计最新产品模块在桌面端每行显示 4 块内容，当窗口小于 1 200 px 时每行显示 2 块内容，页面效果如图 6–28 所示。

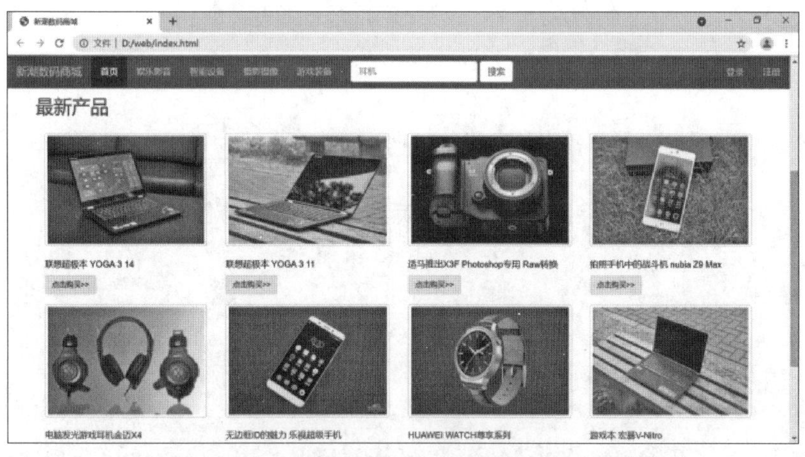

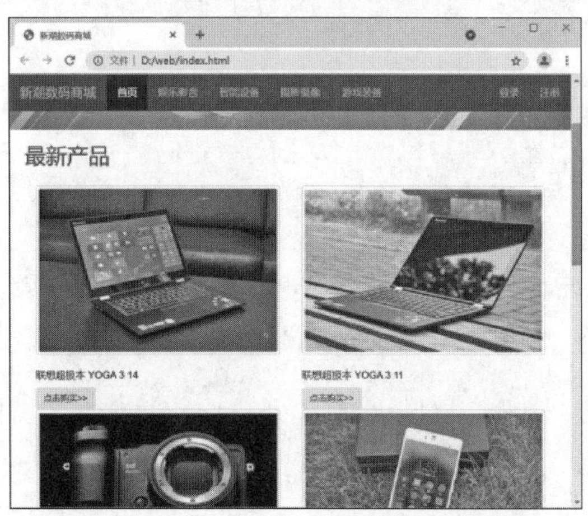

图 6–28　最新产品模块桌面端页面效果

在移动设备上，内容为竖排显示，页面效果如图 6-29 所示。

图 6-29　最新产品模块移动端页面效果

最新产品模块代码可参考程序清单 6-21。

程序清单 6-21　最新产品模块代码样例

```
<div class="container">
  <!-- 声明行 -->
  <div class="row">
    <h2> 最新产品 </h2>
  </div>
  <div class="row" style="padding-top:15px;">
    <!-- 为 3 的栅格系统，相对于一行放 4 个 -->
   <div class="col-md-3 col-sm-6">
    <!--img-thumbnail 方形加外边框 -->
    <img src="images/pic1.jpg" width="940" height="627" class="img-
thumbnail">
    <h3>×× 超极本 YOGA 3 14</h3>
    <button type="button" class="btn btn-sm btn-outline-secondary"> 点
击购买 >></button>
   </div>
   <div class="col-md-3 col-sm-6">
    <!--img-thumbnail 方形加外边框 -->
    <img src="images/pic2.jpg" width="550" height="367" class="img-
thumbnail">
```

```
<h3>×× 超极本 YOGA 3 11</h3>
        <button type="button" class="btn btn-sm btn-outline-secondary">点击购买 >></button>
      </div>
      <div class="col-md-3 col-sm-6">
        <!--img-thumbnail 方形加外边框 -->
        <img src="images/pic3.jpg" width="940" height="627" class="img-thumbnail">
<h3>×× 推出 X3F Photoshop 专用 Raw 转换 </h3>
        <button type="button" class="btn btn-sm btn-outline-secondary">点击购买 >></button>
      </div>
      <div class="col-md-3 col-sm-6">
        <!--img-thumbnail 方形加外边框 -->
        <img src="images/pic4.jpg" width="940" height="627" class="img-thumbnail">
<h3> 拍照手机中的战斗机 nubia Z9 Max</h3>
        <button type="button" class="btn btn-sm btn-outline-secondary">点击购买 >></button>
      </div>
    </div>
    <div class="row" style="padding-top:15px;">
      <!-- 为 3 的栅格系统，相对于一行放 4 个 -->
    <div class="col-md-3 col-sm-6">
          <!--img-thumbnail 方形加外边框 -->
          <img src="images/pic5.jpg" width="940" height="627" class="img-thumbnail">
        <h3> 电脑发光游戏耳机 ××X4</h3>
          <button type="button" class="btn btn-sm btn-outline-secondary">点击购买 >></button>
      </div>
      <div class="col-md-3 col-sm-6">
          <!--img-thumbnail 方形加外边框 -->
          <img src="images/pic6.jpg" width="550" height="367" class="img-thumbnail">
<h3> 无边框 ID 的魅力 ×× 超级手机 </h3>
          <button type="button" class="btn btn-sm btn-outline-secondary">点击购买 >></button>
      </div>
      <div class="col-md-3 col-sm-6">
          <!--img-thumbnail 方形加外边框 -->
          <img src="images/pic7.jpg" width="940" height="627" class="img-thumbnail">
<h3>×× 尊享系列 </h3>
```

```
        <button type="button" class="btn btn-sm btn-outline-secondary">
点击购买 >></button>
      </div>
      <div class="col-md-3 col-sm-6">
        <!--img-thumbnail 方形加外边框 -->
       <img src="images/pic8.jpg" width="940" height="627" class="img-
thumbnail">
<h3> 游戏本 ××V-Nitro</h3>
        <button type="button" class="btn btn-sm btn-outline-secondary">
点击购买 >></button>
      </div>
    </div>
</div>
```

（7）完成底部版权声明模块，页面效果如图 6-30 所示。

图 6-30　底部版权声明模块移动端页面效果

底部版权声明模块代码可参考程序清单 6-22。

程序清单 6-22　底部版权声明模块代码样例

```
<footer class="text-center">
   <div class="container" style="text-align:center;width:100%;background:
#000;color:#CCC;height:150px;padding-top:50px;">
   <a href="#">关于我们 </a>
```

```
    <a href="#">联系我们</a>
    <a href="#">联系客服</a>
    <a href="#">合作招商</a>
    <a href="#">营销中心</a>
    <a href="#">友情链接</a>
    <p style="margin-top:10px;">Copyright &copy; 新潮数码电子商务有限公司 版权所有</p>
    </div>
</footer>
```

（8）保存代码，通过浏览器进行测试预览，如图 6-31 所示，观察在不同的窗口宽度下网页的显示效果。

图 6-31　浏览器预览

思考拓展

1. 请简述 Bootstrap 的特点。

2. 请探索一下 Bootstrap 的实用功能。

项目七 电子商务网站的推广

项目引入

根据中国互联网络信息中心发布的数据，截止到2022年6月，我国网站数量为422万个。然而在如此数量庞大的网站中，只有20%的网站会被网民经常光顾。网站要想适应互联网行业的“二八定律”，除了遵守行业规则，做好网站推广工作是其生存发展的重要途径。

电子商务网站的推广随着技术的进步也在不断发展，从互联网到移动互联网，技术的更新迭代不但推动商业模式的更新，也使电子商务网站的推广方式不断变化，新技术在电子商务网站推广中的作用也越来越大。本项目主要从网站开发的技术角度来学习电子商务网站的推广方法。

任务一 电子商务网站推广基础知识

学习目标

知识目标

1. 熟悉电子商务网站推广的基本形式。
2. 掌握电子商务网站推广的一般方法。
3. 熟悉电子商务网站在开发的各阶段推广时的注意事项。

技能目标

1. 能够根据电子商务网站各种推广方式的特点对电子商务网站推广方案进行评价。

2. 能够根据电子商务网站推广岗位能力要求分析自身的优劣势并实施改进。

任务分析

电子商务网站是企业开展营销活动，与外部交流的重要平台。企业需要整合各种资源对网站进行推广，以发挥其在企业经营中的作用。本任务在了解电子商务网站推广的一般方法和技巧的基础上，学习在电子商务网站的设计开发、部署运维等各阶段，根据营销推广的需要对网站不断进行优化和调整的方法。

相关知识

一、电子商务网站推广的含义与常用推广形式

1. 电子商务网站推广的含义

电子商务网站推广是指在电子商务网站的建设和发展过程中，为了提高网站的知名度和影响力，突出网站特色，提升网站访问量和关注度，打造网站品牌并以此带动整个电子商务网站全部营销活动有效开展而进行的全部推广、宣传以及网站延伸建设活动。换言之，就是通过各种信息化技术手段，把网站展示在目标受众面前，让更多的用户知道、认识并登录网站，最终成为客户。

网站推广在网络中随处可见。例如，打开导航类网站，主页展示各类网站站名，一旦点击，便链接到相应网站；使用搜索引擎时，搜索结果会将与搜索内容相关的网站一一罗列出来，经过网站推广的网站一般排在前面。网站推广的方式有很多种，但其基本目的都是让用户能访问特定的网站，最终转变为网站的客户。网站推广的目的是通过各种途径来为网站引流，增加网站的流量、访问量、注册量，从而提高网站的知名度和影响力，最终提高网站的转化率。

理解电子商务网站推广的含义，应把握以下几点。

（1）电子商务网站推广工作贯穿电子商务网站建设的整个过程

电子商务网站推广是一项系统的、复杂的工程，必须在电子商务网站建设的各个阶段做好工作，才能以较少的投入获得较好的效果。在电子商务网站设计规划阶段，应同时进行网站推广的策划。在电子商务网站建设过程中，应在策划的基础上，以利于网站推广的方式进行网站建设，如考虑如何使网站符合用户浏览习惯、对搜索引擎友好等，以免在网站建设完成后再进行网站结构优化重构而返工。

（2）电子商务网站推广必须有明确的目标

一般而言，电子商务网站推广的目标包括扩大网站知名度、影响力，塑造企业品牌形象，提升企业品牌价值，提高网站流量、交易额等。

（3）电子商务网站推广是企业电子商务战略的重要组成部分

传统企业在生产、经营、销售和客户支持等环节开展电子商务活动，建设企业网站是重中之重。而企业网站也只有在宣传推广之后，在具备一定流量、知名度的基础上，才能发挥其在企业电子商务活动中的特殊作用。

（4）电子商务网站推广需要借助各种信息化技术手段和媒体

电子商务网站推广不同于传统企业推广，必须充分利用各种现代化信息技术手段和媒体，才能起到良好的宣传推广作用。

2. 电子商务网站常用推广形式

电子商务网站推广包括线下推广和线上推广，目前采取线上推广的方式比较常见，根据其推广是否需要付费，又可分为免费推广和付费推广。

（1）免费推广方式

免费推广方式成本低，比较灵活，大都易于实施和实现，是大部分初涉电子商务企业的首选推广方式。

1）在搜索引擎和行业站点上注册网站或网页。各大搜索引擎如百度、360 搜索、搜狗搜索、必应（Bing）等大都提供了注册或登录免费分类目录的功能，及时提交网站和网页可以增加搜索机会。

2）论坛和贴吧推广。论坛是高人气的平台，充分利用论坛的人气来宣传网站，发一些与网站相关的内容或软文到各大论坛，如天涯、百度贴吧等，可以增加网站的点击量和浏览量，但要注意发帖和回帖的数量、质量等。

3）微博推广。利用微博的方式，向用户传递有价值的信息而最终实现营销信息的传播，如在微博中写相关专业的文章，介绍相关产品及服务的知识等。

4）即时通信软件推广。自建或选择加入一些相关用户聚集的群（如微信群、QQ 群等），是一种快速有效的宣传推广方法。

5）视频直播推广。目前网络直播用户越来越多，以网络直播平台为载体，开展营销推广活动，有利于达到提升企业品牌知名度或增加销量的目的。

6）互换链接推广。互换链接是一种互惠互利的协作方式。在选择要互换链接的站点时，要考虑该网站的知名度以及该网站的性质和主题与自己的站点是否相关。

7）许可 E-mail 推广。通过邮件列表、新闻邮件、电子刊物等形式，在向用户提供有价值信息的同时附带一定数量的商业广告信息。许可 E-mail 推广有助于客户在网上寻找产品，减少广告对客户的滋扰，增加潜在客户定位的准确度，增进与客户的关系，提升品牌忠诚度等。

（2）常用付费推广方式

一般情况下，付费推广方式见效比较快，对于经济实力比较雄厚的公司或电子商务推广人才紧缺的公司是一个不错的选择。

1）搜索引擎推广。搜索引擎竞价排名是目前比较流行的推广服务，如百度竞价排名等，它是一种按效果付费的网络推广方式，其主要目标是提升关键词排名。关键词广告可提高网站在搜索结果中的自然排名，获得更多的商机，从而达到提升企业销售业绩的效果。

2）付费广告。通过互联网来发布和传播广告，如在导航类网站主页发布广告等。

3）网络促销。使用各种网络促销手段，如团购网站推广、免费产品试用、网上有奖促销、网上折价促销及会员制积分促销等方式。

二、电子商务网站推广的注意事项

电子商务网站推广贯穿于整个网站开发过程，在不同的阶段体现出不同的特点，应针对不同阶段特点进行有针对性的推广。

1. 电子商务网站前期规划阶段

在电子商务网站前期规划阶段，虽然网站还没有正式发布，但这个阶段的网站推广也有十分重要的意义。该阶段网站推广工作需要注意以下几点。

（1）避免网站推广被忽视

大多数网站在策划和设计阶段没有考虑推广方案，特别是如果网站设计开发和网站运营推广属于不同部门时，这个问题往往比较严重，很可能在网站发布之后才重视推广，再重新考虑推广的需求和优化设计等问题，不仅浪费人力，也延误了网站推广的时机。

（2）做好沟通与协调

一般来说，网站的设计开发需要由技术、设计、市场等方面的人员共同完成，不同专业背景的人员对网站建设的理解会有所差异，对网站的成本投入、推广实施会有分歧，需要做好沟通与协调工作。

2. 电子商务网站发布初期

在电子商务网站正式对外发布的初期阶段，网站推广需要注意以下几点。

（1）聚焦主要目标——提高用户关注认知度

电子商务网站发布初期阶段的主要目标是提高用户的访问量，让更多的用户知道并了解网站，获得尽可能多的用户认知。在这个阶段，产品推广和销售促进通常居于次要位置。

（2）避免推广的盲目性

在电子商务网站发布初期，要进行准确、客观的市场定位，确立合理的推广目标，避免盲目推广。

3. 电子商务网站发展稳定期

经过初期推广，网站已经拥有了一定的访问量，这时一方面要保持网站推广的力度，另一方面需要对初期推广效果进行分析，找到最适合本网站的推广方法。

（1）推广目标由用户认知到用户认可转变

通过初期推广获得的网站用户，只有在认可网站价值的基础上，才会继续访问网站以获得信息和服务。所以在网站发展稳定期，网站推广要兼顾新老用户的不同需求特点，其推广目标逐步由提升用户认知度转变为提升用户认可度。

（2）加强推广效果的管理

通过对网站访问量、转化率等指标的统计分析，可以发现哪些网站推广方法有效，哪些推广方法效果不佳，进而充分发挥网站推广的作用。

任务实施

1. 请结合以下某企业电子商务网站推广岗位工作内容与能力要求，谈谈自己的优势、不足及努力方向。

一、工作内容

1. 负责提升网站 ALEXA 排名、页面浏览量、IP 量、访问量等指标。

2. 研究和监控竞争对手的做法及搜索引擎的变化，及时提出调整方案。

3. 利用相关工具跟踪分析网站推广效果，在此基础上不断优化，在预算范围内获得最佳效果。

4. 撰写网站推广策划文案。

5. 配合企业产品销售和宣传活动等。

二、能力要求

1. 精通各大搜索引擎的搜索排名技术，有网站优化的经验或成功案例，有一定的 B2B、B2C 领域 SEO 工作经验。

2. 熟悉 HTML、JavaScript、PHP、ASP、CSS 等多种网页语言。

3. 掌握搜索引擎优化等各种网站推广工具的使用方法。

4. 对自身技术提升有强烈的学习欲望，能持续关注行业发展新知识、新技术动向。

5. 思维活跃，具有创新能力、执行能力、团队合作能力、沟通表达能力和学习能力。

6. 较强的文案撰写能力，熟练使用 Word、Excel、PowerPoint 等办公软件，能够独立编制网站推广活动策划文案，并组织实施。

2. 通过小组合作的方式，以某一食品或文具品牌为例，查询其网站，了解其实施的推广方式，填写表 7–1，并谈谈看法。

表 7–1　网站推广方式分析

产品名称	
网站网址	
采取的推广方式	
实施效果	

思考拓展

1. 请登录商务部中华老字号信息管理平台，查询所在地区的中华老字号，并搜索一下这些老字号都采用了哪些电子商务网站推广方式，效果如何？

2. 有的电子商务网站在推广时采取发送大量邮件、捆绑运行软件、弹窗广告营销等方式，你认为采用这些方式会存在哪些问题？

任务二　电子商务网站的搜索引擎优化推广

学习目标

知识目标

1. 熟悉常用搜索引擎及其工作原理。
2. 掌握搜索引擎优化（SEO）及相关术语的含义。
3. 熟悉关键词优化、网站结构优化的一般方法。

技能目标

能够对电子商务网站进行 SEO 查询，分析电子商务网站的 SEO 表现并提出优化改进建议。

任务分析

搜索引擎是目前公认的核心网络推广渠道之一。搜索引擎优化（Search Engine Optimization，SEO）是通过学习利用搜索引擎的搜索规则，提高网站在相关搜索引擎内的排名，进而获得流量红利，提升网站转化率。在电子商务网站设计开发及运维时，往往会进行站点的 SEO 分析，并根据网站的 SEO 数据进行关键字优化、网站结构优化等具体调整。本任务重点学习搜索引擎优化的关键技术和手段。

相关知识

一、电子商务网站 SEO 分析

SEO 是指为了增加网站在搜索引擎中自然搜索结果（非商业性推荐结果）的收录数量以及提升排序位置而做的优化行为。SEO 是在认识与了解搜索引擎怎样抓取和索引网页、怎样确定搜索关键词等技术后，对网页进行有针对性的优化，确保在不影响用户习惯和网页内容的前提下，提升网站在搜索引擎中的自然排名，从而吸引更多的用户访问网站，提高网站的访问量，最终提升网站宣传能力和产品销售能力的现代技术。

随着网络的发展，互联网上的信息量呈爆炸式增长，加大了人们寻找目标信息的难度，而搜索引擎的出现给人们寻找信息带来极大的便利，已经成为不可或缺的上网工具。根据人们的使用习惯和心理，在搜索引擎中排名越靠前的网站，被点击的概率就越大；相反，排名越靠后，得到的搜索流量就越少。据统计，在全球 500 强企业中，有 90% 以上的企业在其网站中运用了 SEO 技术。而有的企业因为缺乏专业的营销知识和理念，仅从技术的角度出发开发网站，这样做出来的网站是有缺陷的，不符合搜索引擎的收录要求，所以必须对网站进行全面的、有针对性的优化。

1. 搜索引擎与搜索引擎优化

（1）搜索引擎及其工作原理

搜索引擎是根据一定的策略、运用特定的计算机程序搜集互联网上的信息，在对信息进行组织和处理后，为用户提供检索服务的系统。常见的中文搜索引擎有百度、搜狗、360 搜索、头条搜索、中国搜索、必应等。

搜索引擎通过抓取网页、建立索引、提供检索服务 3 个主要功能工作。

1）抓取网页。每个独立的搜索引擎都有自己的网页抓取程序。网页抓取程序顺着网页中的超链接，连续地抓取网页。被抓取的网页称为网页快照。由于互联网中超链接的应用很普遍，理论上讲，从一定范围的网页出发，就能收集绝大多数的网页。

2）建立索引。搜索引擎抓取到网页后，还要做大量的预处理工作，才能提供检索服务。其中，最重要的就是提取关键词，建立索引文件。其他的还包括去除重复页、分词（中文）、判断网页类型、分析超链接、计算网页的重要程度和丰富度等。

3）提供检索服务。用户输入关键词进行检索，搜索引擎从索引数据库中找到匹配该关键词的网页。为了便于用户判断，除了网页标题和URL外，还会提供一段来自网页的摘要以及其他信息。

（2）搜索引擎优化及其相关术语

搜索引擎优化是一种利用搜索引擎的搜索规则来提高网站在相关搜索引擎中排名的方法，其主要目的是提高特定关键字的曝光度，增加网站知名度，从而增加销售机会。

随着互联网营销竞争愈发激烈，现在的获客成本一直在节节攀升，而SEO是一种运营成本较低的网络推广方式，如果做得好，能够让企业持续稳定地获得大量的免费流量。所以，对于电子商务网站开发人员来说，掌握SEO基本概念以及相应的优化方法，是很有必要的。

SEO的相关术语如下。

1）关键字/词。关键字/词就是用户在使用搜索引擎时输入的、能够最大程度概括用户所要查找的信息内容的字或者词，是信息的概括化和集中化。在SEO中谈到的关键字/词，往往是指网页的核心和主要内容。

2）目标关键词。目标关键词是指经过关键词分析确定下来的网站“主打”关键词，也就是网站产品或服务的目标客户可能用来搜索的关键词。目标关键词具有以下特征：一般作为网站主页的标题；一般由2～4个字构成一个词或词组，以名词居多；目标关键词在搜索引擎中有稳定的日搜索量；搜索目标关键词的用户往往对网站的产品或服务有需求，或者对网站的内容感兴趣；网站的主要内容围绕目标关键词展开。

网站上还有一些非目标关键词但也可以带来搜索流量的关键词——长尾关键词。长尾关键词的特征是比较长，往往由2～3个词组成，甚至是短语，存在于内容页的标题和内容中。长尾关键词基本属性是可延伸、针对性强、范围广。通常长尾关键词带来的客户转化为产品客户的概率比目标关键词大很多。

3）网页级别（Page Rank，PR）值。PR值是搜索引擎排名运算法则（排名公式）的一部分，是搜索引擎用来标识网页等级、重要性的一种方法，是搜索引擎用来衡量一个网站好坏的重要标准之一。

4）页面标题（Title Tag）。页面标题是在浏览网页时可以从浏览器最上方看到的网页标题文本，这也是搜索引擎排名算法中一个重要的参考。理论上讲，页面标题要独一无二并尽可能多地包含页面内容中的关键词。

5）元标签（Meta Tags）。元标签和页面标题一样，主要用于为搜索引擎提供更多的关于本页面内容的信息。元标签位于HTML代码的头部，对浏览者不可见。

6）Alt属性。Alt属性是HTML网页中对图片添加的描述性文本，其用法一般为<img src=" 图片路径 " alt=" 图片说明 "/>。在图片Alt属性中加入关键词，能够很好地帮助搜索引擎对图片进行索引，也能够有效地提升页面中的关键词密度。

7）反向链接（Backlink）。反向链接又称为回指链接或入链，是指从其他网站指向自己网站的一个超级链接。反向链接之所以对 SEO 异常重要，是因为它们直接影响一个网页的 PR 值，以及这个页面在搜索结果中的排名。

8）IP、PV 和 UV。IP（Internet Protocol），反映的是 24 小时内某网站被不同 IP 地址的计算机访问的情况。相同 IP 地址只被计算一次，这种统计方式很容易实现，具有真实性，是衡量网站流量的重要指标。

页面浏览量或点击量（Page View，PV），反映的是 24 小时内，某网站被浏览的页面数。PV 与来访者的数量成正比，但 PV 并不是页面的来访者数量，而是网站被访问的页面数量。

独立访客（Unique Visitor，UV），反映的是 24 小时内，访问某网站的不同终端的数量。

9）排名算法（Ranking Algorithm）。排名算法是搜索引擎用来对其索引中的列表进行评估和排名的规则，各搜索引擎会有所不同。

（3）搜索引擎优化的一般内容

搜索引擎优化是一项需要足够耐心的细致工作。搜索引擎优化一般包括以下六个方面内容。

1）关键词分析，也称关键词定位。这是进行 SEO 的重要一环。关键词分析包括关键词关注量分析、竞争对手分析、关键词与网站相关性分析、关键词布置、关键词排名预测。

2）网站架构分析。网站架构符合搜索引擎的爬虫喜好，有利于 SEO 优化。网站架构分析包括剔除网站架构不良设计、实现树状目录结构、网站导航与链接优化。

3）网站目录和页面优化。SEO 不只是能让网站主页在搜索引擎中有好的排名，更重要的是能给网站的每个页面都带来流量。

4）内容发布和链接布置。搜索引擎喜欢网站内容有规律地更新，所以合理安排网站内容发布日程是 SEO 的重要技巧之一。链接布置则把整个网站有机地串联起来，让搜索引擎明白每个网页的重要性和关键词。同时，要开展友情链接建设。

5）与搜索引擎对话。在搜索引擎看 SEO 的效果，通过 site：域名，获得站点的收录和更新情况。

6）网站流量分析。网站流量分析是从 SEO 的结果指导下一步的 SEO 策略，同时对网站的用户体验优化也有指导意义。

2. 电子商务网站 SEO 查询

网站 SEO 查询可以了解该网站在各大搜索引擎中的信息，包括网站权重、预估流量、收录情况、反链及关键词排名等，为后续搜索引擎优化做好准备。

（1）查询网站在各大搜索引擎中的收录情况

查询网站在各大搜索引擎中的收录情况，可以借助各大搜索引擎提供的站长工具，如百度搜索资源平台（见图 7–1）、搜狗搜索资源平台等。

图 7–1　百度搜索资源平台页面

也可以借助其他站点工具平台，如站长之家进行站点 SEO 综合查询。例如，使用站长之家查询北京 2022 年冬奥会官网的 SEO 数据，如图 7–2 所示。可以看到该网站在百度、搜狗、360、神马、谷歌等各大搜索引擎中的收录情况，同时也可以看到其 PC 词数为 276（PC 排名在 50 名内的关键词数量，越高越好）和移动词数为 214（移动排名前 50 名内的关键词数量，越高越好），首页位置为 1（在搜索引擎查询该站点时主页的位置，一般越小越好）。

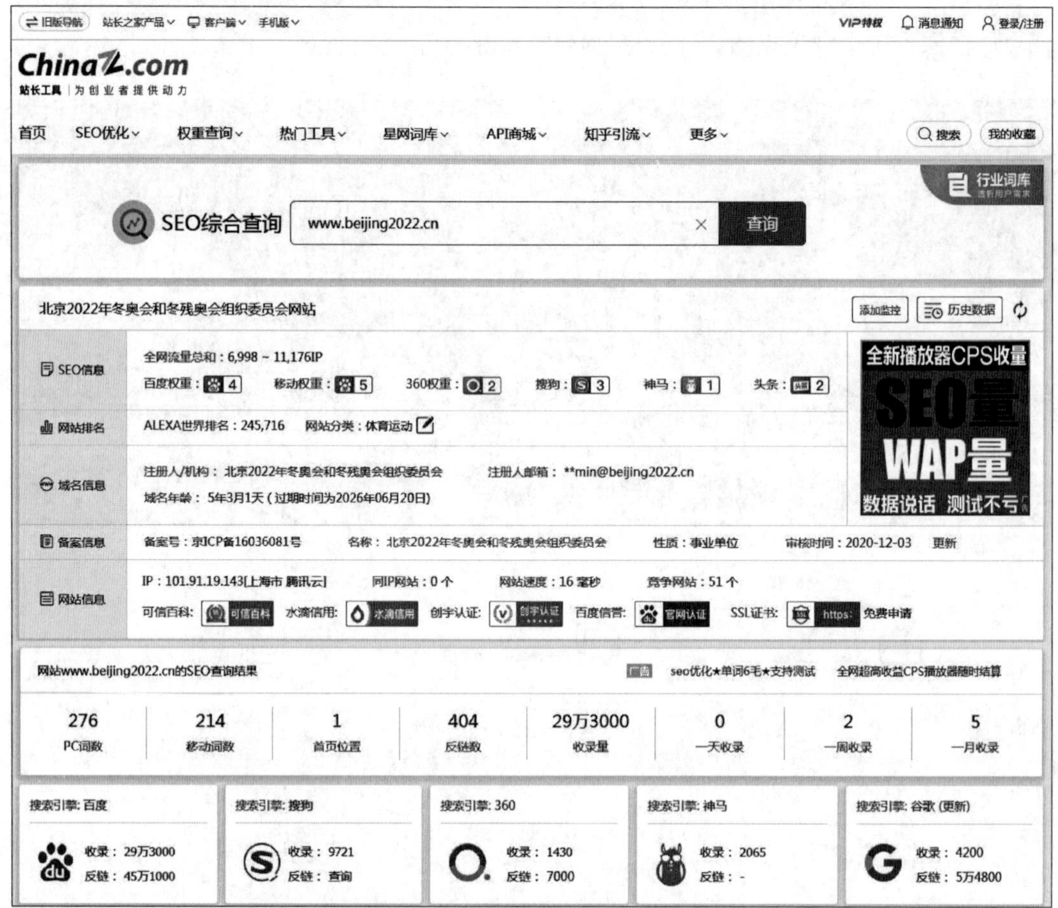

图 7–2　使用站长之家进行 SEO 综合查询（2021 年 9 月）

（2）查询网站 Alexa 排名

Alexa 排名是指网站的世界排名，包括综合排名、分类排名等多个评价指标，大多数人把它当作较为权威的网站访问量评价指标。使用站长之家提供的 Alexa 查询工具，可以很方便地查询网站的 Alexa 排名。

（3）网站友情链接检测

网站友情链接也是网站优化的重要一环，友情链接的好坏能够对网站的排名造成很大的影响。查看其他网站是否添加了本网站的友情链接，是网站运营管理人员的常规工作。使用站长之家友情链接查询工具可以查询网站的友情链接情况，如图 7–3 所示为中国奥委会官方网站的友情链接情况。

（4）关键词查询

关键词就是在搜索引擎中能搜索到本网站的词。网站中涉及关键词的 3 个重要的 HTML 标签为 title（网页标题），description（对网页描述的一个概述）和 keywords（提

友链检测 www.olympic.cn 查询 日常实用工具 百度权重查询 360权重查询

正常访问 百度蜘蛛 谷歌蜘蛛

权重	权重输出值	预估流量	百度收录	友情链接	无反链
4	0.5	1170~1868	2万4100	11	5

全部 无反链 nofollow 添加监控 导出数据

序号	站点｜链接地址	nofollow	链接名称	百度权重	权重输出值	网站收录量	位置｜友链数
1	华奥星空 http://www.sports.cn/	否	中国奥委会	2	0.2	1万2200	2｜51
2	2010广州亚运会 http://2010.sports.cn/	-	无反链	1	-	-	-
3	2008北京奥运会 http://2008.sports.cn/	否	中国奥委会官方网站	1	0.2	1万2600	1｜44
4	国际奥委会官网 http://www.olympic.org/	-	无反链	4	-	4万5800	-
5	亚洲奥林匹克理事会 http://www.ocasia.org/	-	无反链	1	-	-	-
6	国际残奥委会官网 http://www.paralympic.org/	-	无反链	1	-	-	-
7	2022北京冬奥会 http://www.beijing2022.cn/	否	中国奥委会	4	0.2	7250	6｜68
8	杭州2022年第19届亚运会组委会 http://www.hangzhou2022.cn/	否	中国奥委会	2	0.2	3790	28｜30
9	2020东京奥运会 https://tokyo2020.jp/en/	-	无反链	1	-	-	-
10	2024巴黎奥运会 https://www.olympic.org/paris-2024	•	•	•	•	•	•
11	中华全国体育总会网 http://www.sport.org.cn/	-	-	-	-	-	-

图 7–3　中国奥委会官方网站的友情链接查询情况（2021 年 4 月）

取页面中的主要关键词，数量控制在 3～6 个）。此外，正文、导航、图片 Alt 属性、相关超链接也包含关键词。作为网站运营管理人员，在关心本网站关键词分布的同时，往往还要查询竞争对手网站的关键词，再作出 SEO 推广决策。

例如，打开今日头条网站，查看 HTML 代码文件头部关键词，如图 7–4 所示。关键词代码可参考程序清单 7–1。

程序清单 7–1　今日头条网站的关键词代码

```
<head>
<meta name="keywords" content="今日头条，头条，头条网，头条新闻，今日头条官网">
<meta name="description" content="今日头条是一个通用信息平台，致力于连接人与信息，让优质丰富的信息得到高效精准的分发，促使信息创造价值。">
<title>今日头条</title>
…
</head>
```

图 7–4　今日头条网站的关键词（2021 年 4 月）

二、关键词优化

根据相关数据统计，网站的访问量大部分来自搜索引擎，而搜索引擎的用户一般只会留意搜索结果第 1 页的几个站点，第 2 页及之后的站点访问率显著降低。关键词搜索引擎优化就是利用搜索引擎的搜索规则来提高网站在有关搜索引擎内的自然排名，从而获得品牌或者直接客户订单的收益。

网站的关键词选择一般在网站开发时就要考虑清楚，包括关键词内容、个数、密度、与竞争对手的区分，关键词的构思和设置要经过缜密的思考、严格的观察，既要全面还要突出重点，既要有自己的特色，还要显示出与竞争者的区别。

1. 关键词优化的主要内容

关键词优化是搜索引擎优化的核心工作之一，它从搜索引擎和用户两个角度让大家认识网站的产品或服务。

网站关键词优化主要包括以下内容。

（1）从全局的角度，为网站关键词优化选择主关键词。

（2）选择合适的辅关键词，形成关键词列表。

（3）设计关键词分布，进行元标签、title 关键词优化。

（4）计算、控制关键词密度。

（5）设计关键词广告。

2. 主关键词选择技巧

网站主关键词要用描述网站的核心内容、主要产品、服务特色等方面的词语，是整个搜索引擎推广的核心。网站主关键词的选择主要有以下分析方法。

（1）站在用户的角度考虑

根据产品服务性质等因素，推测目标用户在搜索产品时会使用什么关键词，即根据对目标用户行为的分析判断，以及从相关资源中获得的反馈，确定网站关键词。为此，在具体选择关键词时一般会考虑以下几个问题：①产品是什么；②网站的客户是谁，属于哪个年龄段，是什么人群；③如果自己是客户，想要这件产品，会搜索什么关键词；④客户为什么会选择自己的产品，如何脱颖而出。

（2）竞争对手分析法

找到同行业领先的网站所使用的关键词，以获得启发。

（3）网站关键词检索统计数据

用户利用搜索引擎检索网站所使用的关键词，可以将检索率较高的关键词作为备选。例如，某网站是做电动车的，如果直接用电动车作为关键词就有点空泛，借助百度指数查询关键词每日搜索热度的变化，以此来决定是否选用相关的关键词，如图 7-5 和图 7-6 所示。

本例中，通过百度指数可以发现电动车搜索的主要地区为江苏、广东等地，搜索词除品牌名称 + 电动车以外，电动车图片、电动车价格、电动车品牌等词语搜索量也比较大。假定该网站专注于江苏地区的销售，从品牌服务角度出发，就可以设置关键词为“× × 电动车 _ 江苏电动车厂家直销 _ 十年电动车品牌”；从价格角度出发，就可以设置关键词为“× × 电动车 _ 江苏电动车厂家直销 _ 电动车低价采购”；从流量角度出发，借助电动车图片这个流量词来吸引客户点击，可以设置关键词为“× × 电动车 _ 江苏电动车厂家直销 _ 最新电动车图片”。

3. 长尾关键词的挖掘方法

从 SEO 技术的角度来说，长尾关键词（辅关键词）就是核心关键词（主关键词）的延伸，通常由主关键词再加上一个描述性的短语构成。以往，由于长尾关键词一般字数比较多，搜索的人少，很多网站 SEO 从业人员认为，就算是通过优化把搜索排名做上去了也没什么流量，所以就不会把长尾关键词作为重点。但实际上，长尾关键词为网站带来的访问量与主关键词的比例有时能够达到 1∶1，对于新网站来说，这个比例往往会更高。特别是现在各类网站的主关键词竞争过于激烈，这一点从百度竞价的单次点击费用就可以看出，长尾关键词越来越受到网站开发人员的关注。

由于长尾关键词是与企业产品或网站定位匹配精确度高的词语，所以此类关键词主要针对那些有明确目标需求的搜索引擎的引入客户。这类人群是对网站产品有着明确认知的人群，虽然这部分人群只是网站流量的一小部分，但这部分人群的转化率高，属于

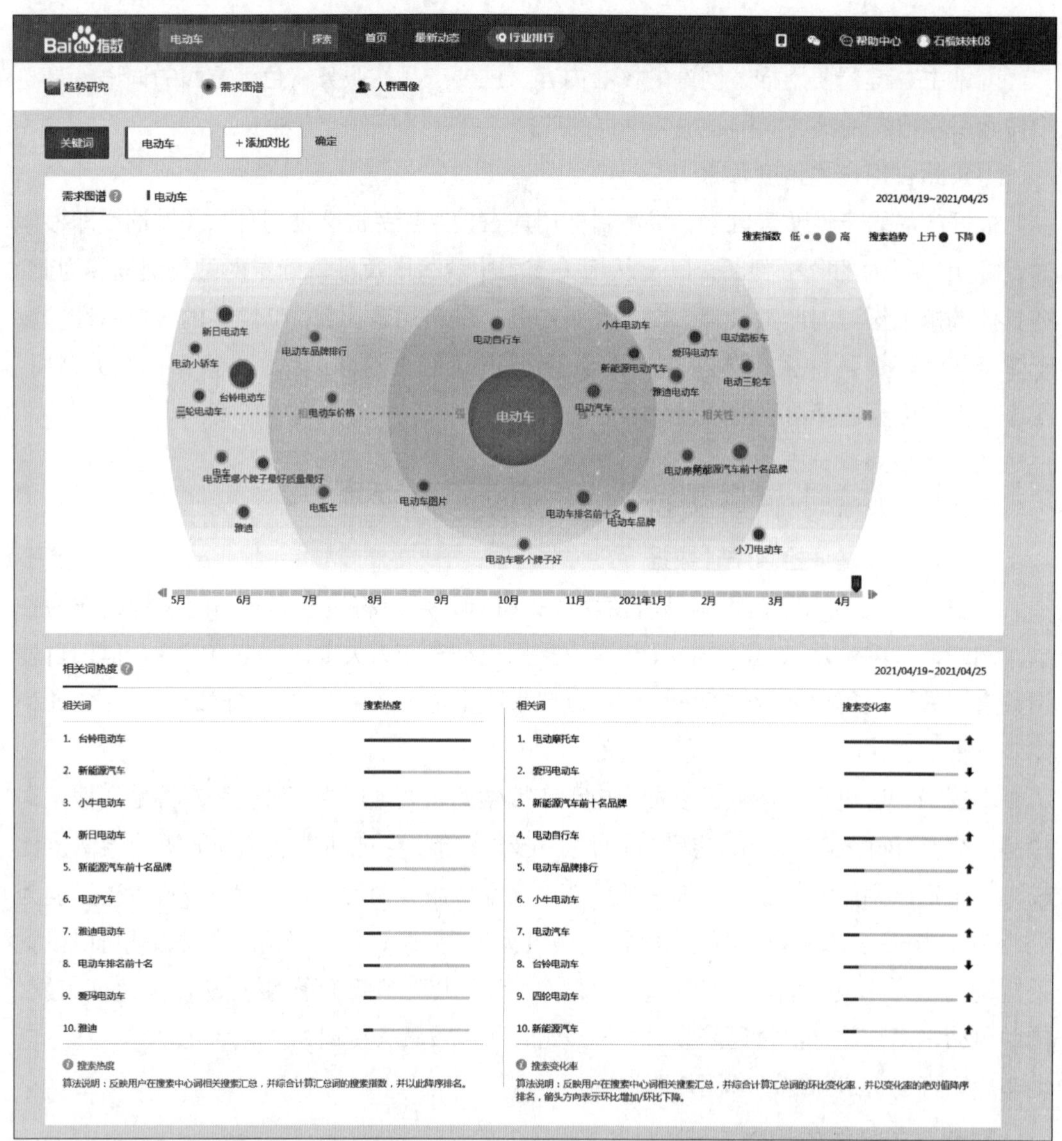

图 7–5　百度指数查询“电动车”的需求图谱及相关词热度

有效流量。例如，对某汽车销售网站来说，它最需要的关键词并不一定是搜索量最大的词——“汽车”或“轿车”，“汽车”这个词虽然和网站直接相关，但它并不能带来真正的客户。相反，“四轮驱动吉普”“主动悬挂 SUV”“最省油的汽车”这些搜索量较少的词则更加接近实际购买者的想法，这类词才是该汽车销售网站最需要关注的。

长尾关键词是动态变化的，并且新的长尾关键词也在不断涌现，可以使用以下方法对长尾关键词进行挖掘和收集。

（1）搜索引擎下拉框和相关搜索

通过查看搜索引擎的下拉框提示能获取一些长尾关键词，因为用户有可能直接搜索这些词，所以也具有一定的访问量和转化效果。搜索结果页面下方列出的相关搜索也同

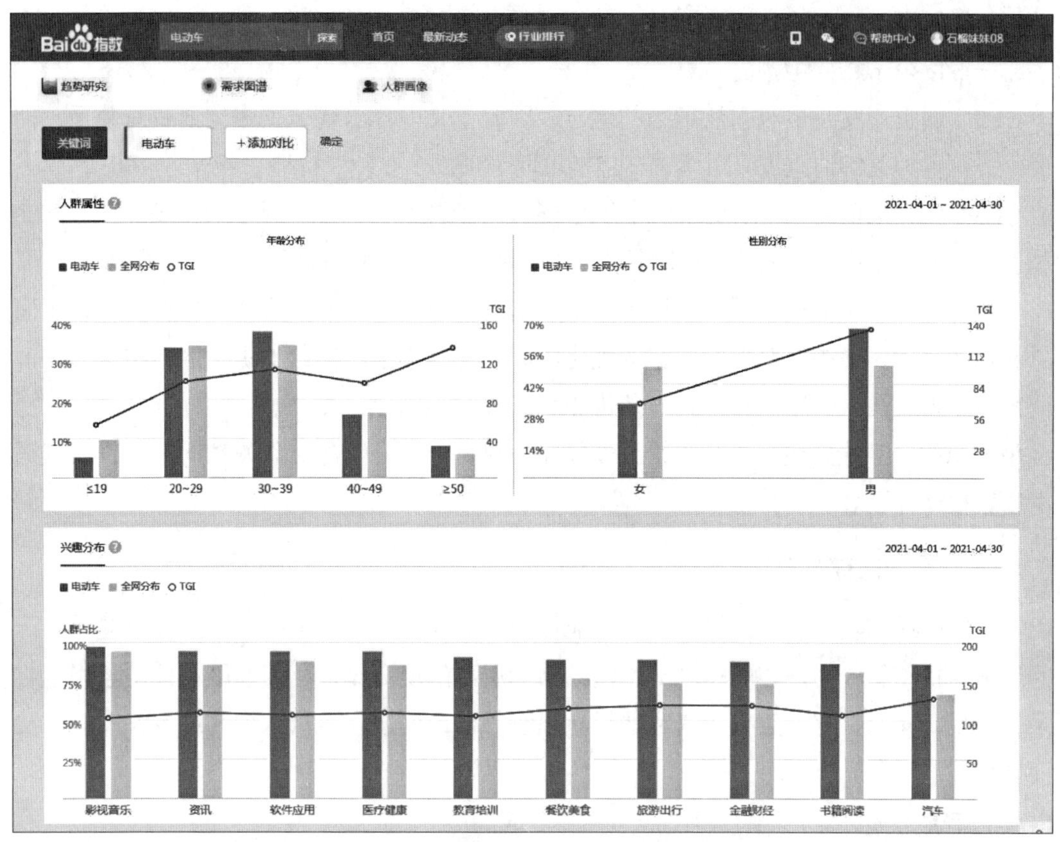

图 7–6　百度指数查询“电动车”的人群画像

样有此作用。

（2）网站流量统计工具

借助网站流量统计工具不仅能分析出网站访问流量的来源，包括访问时间、区域等，同时也能分析出用户的具体搜索行为，即用户是通过什么搜索词进入网站的，以此对这类搜索词进行分析和拓展。如果能结合其他统计数据，如区域等，效果会更好。

（3）问答平台

国内有不少涉及各行各业的综合类问答平台，虽然充斥着不少推广类问答，但也有大量真实用户的问答，所以相当一部分长尾关键词可以借助相关问答内容分析得到。

（4）百度知道

百度知道并不是进行长尾关键词挖掘的专业工具，但是在百度知道搜索某目标关键词时，会出现许多与这个关键词相关的问题，而对这些相关问题再搜索时，又会出现更多的关于这个关键词的问题。这样一来，通过对百度知道的巧用，就可以获得源源不断的长尾关键词。

4. 关键词分布

网页中关键词的分布原则是无所不在、有所侧重。

（1）网页代码中的 <title>、<meta> 标签要包含明确的关键词。其中 title 字数不应太多，一般以少于 25 字为宜。

（2）网页正文是最吸引注意力的地方，因此正文内容出现的关键词要有所侧重，阅读优先位置为关键词重点分布位置，包括页面靠顶部、左侧、标题、正文前 200 字等。

（3）图片 Alt 属性。以往搜索引擎不能直接抓取图片，因此网页制作时在图片 Alt 属性中加入关键词，会被认为该图片内容与关键词一致，从而有利于检索和排名。

关键词分布中的一个重要指标是关键词密度，它是指在一个页面中关键词占该页面总文字的比例，该指标对搜索引擎的优化能起到一定作用。理论上讲，网站中页面关键词密度不能过高，也不能过低，一般为 1%～7% 较为合适。如果要达到 1% 的比例，那么平均 100 个字最好包含 1 个关键词，如果 1 000 个字只包含 1 个关键词，那么关键词密度就被稀释了。

三、网站结构优化

好的网站结构，有效的导航设置，能让用户快速找到目标页面；而且代码简单，访问速度很快，利于用户体验；同时，网站结构层次的规范化，有利于网站被搜索引擎收录。相反，非人性化的架构、错乱的导航设置等都会使搜索引擎认为网站不够友好，从而影响搜索排名。

1. 导航优化

清晰的导航系统是网站设计的重要目标，对网站信息架构、用户体验影响重大。

（1）站在用户角度，网站导航系统应注意的问题

第一个问题是“我在哪里”。用户可能从任一页面进入网站，有时候从主页进入，点击多个链接后，用户可能已经忘了是怎么进入当前页面的，导航系统就要清楚地告诉用户处在网站总体结构的哪一个部分。

第二个问题是“下一步要点击哪里”。有时候用户知道自己想做什么，页面的导航设计要告诉用户点击哪里才能完成目标。为此，一般采用“面包屑导航”，这对用户和搜索引擎来说是一种能够比较好地判断页面在网站总体结构中位置的方法，如图 7-7 所示。

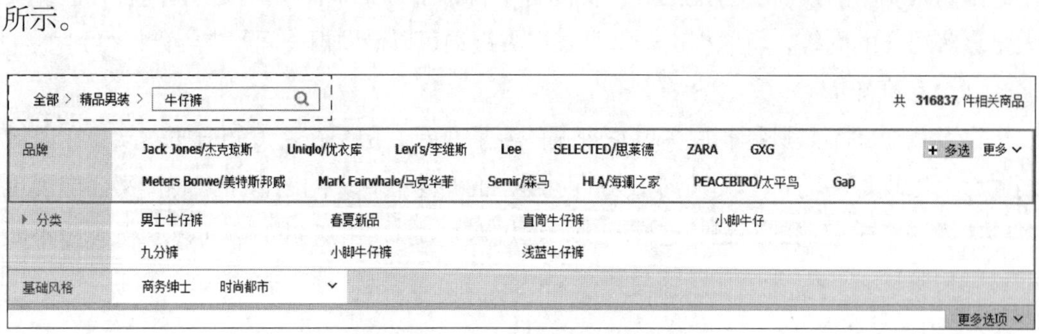

图 7-7 “面包屑导航”示例

（2）站在 SEO 角度，网站导航系统应注意的问题

首先，导航文字尽量使用最普通的 HTML 文字导航，不要使用图片作为导航链接，更不要使用 JavaScript 生成导航系统，也不要用 Flash 做导航。使用 HTML+CSS 设计就可以呈现很好的视觉效果，而最普通的文字链接对搜索引擎来说是阻力最小的爬行抓取通道。

其次，要重视锚文本（锚文本是链接的一种形式，把关键词做成一个链接，指向别的网页，这种形式的链接就叫作锚文本）的建设。在网页内容的描述过程中，为用户有兴趣或者有疑惑的地方添加锚文本，不仅能赢得用户，大大增加网站页面浏览量，还能促进站内网页收录，提升网站的搜索引擎权重。

2. 站点目录结构优化

网站目录扁平化是目录优化目标之一。一般网站目录层级不要超过三层，并使所有页面与主页点击距离不要太远，以利于搜索引擎索引收录。

（1）网站栏目优化

按照网站的各个栏目分别建立子目录，目录名称要明确、简洁，不宜过长，URL 比较短有利于优化，目录的名称用汉语拼音或者英文。

（2）目录层级优化

一些不复杂的、栏目功能比较简单的网站，可以采用扁平式结构，即将所有网页都放在网站根目录下。单一目录结构是搜索引擎比较喜欢的，因为搜索引擎只要一次访问即可遍历。

比较复杂的网站则需要层级分类比较多，往往需要二到三层甚至更多层级子目录才能保证文件内容页的正常存储，这种多层级目录也叫作树型结构。即根目录下再细分多个频道或栏目，然后在每一个目录下面再存储属于这个目录的最终内容页，这样的好处是容易维护，但是对于搜索引擎的抓取相对困难，优化时可以让目录简洁一些，其层级尽量不要超过三层。

3. 网站 URL 优化

（1）减少 URL 的层次、缩短 URL 的长度

使用简短的 URL，方便用户记忆，可以使网站得到更多的传播机会。而搜索引擎对于简短且层次较浅的 URL，也有更高的信任度。

（2）URL 的内容含关键词

含有关键词的 URL，可以使用户更容易了解网页的内容主题，可以提高页面的相关性，有利于网页的排名。如果关键词域名被抢注，可以用关键词做目录和页面的名称，如 www.XXX.com/ 关键词（全拼或者英文）/url.html，以提高页面的相关性。

（3）URL 静态化

搜索引擎对静态 URL 更有好感，不会出现无限循环，虽然动态 URL 也能收录，但

是作为更标准的静态URL，很明显占有优势。静态URL具有不变性，更容易被人接受并乐于传播。而且静态URL更标准化、简洁、可读性高，能提供良好的视觉感受，提升用户体验感。

4. 建立站点地图和自定义错误页面

（1）站点地图

站点地图又称网站地图，本身是一个网页，一般存放在根目录下并命名为sitemap，上面放置了网站上所有页面的链接，为爬虫指路，某站点地图文件如程序清单7-2所示。

程序清单7–2　www.bjyygj.net站点地图文件（节选）

```
<urlset xmlns="http://www.sitemaps.org/schemas/sitemap/0.9">
<url>
<loc>http://www.bjyygj.net/</loc>
<lastmod>2021-5-3</lastmod>
<changefreq>weekly</changefreq>
<priority>1.00</priority>
</url>
<url>
<loc>http://www.bjyygj.net/cg_dmt.html</loc>
<priority>1.00</priority>
</url>
<url>
<loc>http://www.bjyygj.net/cg_dz.html</loc>
<priority>1.00</priority>
</url>
<url>
<loc>http://www.bjyygj.net/jidi-detail.html</loc>
<priority>1.00</priority>
</url>
<url>
<loc>http://www.bjyygj.net/trainspace.html</loc>
<priority>0.80</priority>
</url>
<url>
<loc>http://www.bjyygj.net/train.html</loc>
<priority>0.78</priority>
</url>
……
</urlset>
```

有的网站目录层次比较深，搜索引擎爬虫很难抓取，站点地图可以方便爬虫抓取网站页面，清晰了解网站架构。特别是网站页面总数超过 100 个，就需要挑选出最重要的页面，放入站点地图文件。建议挑选以下页面放入网站地图：产品分类页面、主要产品页面、帮助页面、访问量最大的前 10 个页面，另外，如果有站内搜索引擎的话，挑选出从该搜索引擎出发点击次数最高的页面。

网上有很多站点地图生成的方法，如在线生成、工具软件生成等，可以将制作好的网站地图上传至网站根目录下，或者直接将站点地图上传至各大搜索引擎。不同搜索引擎识别地图格式的效果不同，对于百度，建议使用 HTML 格式的网站地图；对于 Google，建议使用 xml 格式的网站地图；对于 Yahoo，建议使用 txt 格式的网站地图。

（2）自定义错误页面

错误页面就是当用户输入了错误的 URL 或者输入了一个不存在的 URL 时所返回的页面。自定义错误页面的目的是告诉用户其所请求的页面不存在或链接错误，同时引导用户浏览网站其他页面而不是关闭页面离开。

一般而言，自定义错误页面通用的做法是在页面中放置网站快速导航链接、搜索框以及网站提供的特色服务，添加企业简介和联系方式等，这样可以有效地帮助用户访问站点并获取需要的信息。如图 7-8 所示为某商城自定义错误页面优化后的效果。

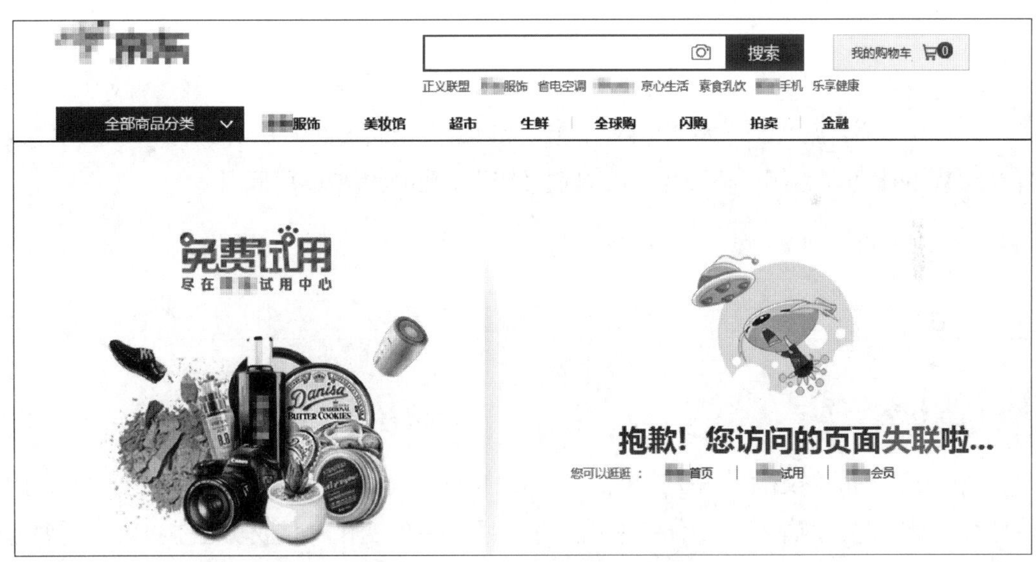

图 7-8　自定义错误页面优化示例

任务实施

1. 请利用本任务所学的知识对你所在学校官网进行 SEO 查询、分析，填写表 7-2，并提交 SEO 优化方案。

表 7–2　　本校官网 SEO 查询基本信息

序号	项目	内容
1	学校官网网址	
2	百度权重	
3	百度收录页面数	
4	友情链接数量及相应站点网址	
5	站点 <title> 标签内容	
6	站点 <keywords> 标签内容	
7	站点 <description> 标签内容	

2. 红旗、奇瑞、比亚迪、长城、吉利等是我国知名的汽车品牌，请任选其中两个品牌网站进行 SEO 分析，比较它们关键词选择的异同并分析其原因。

3. 为本书项目五案例网站制作网站地图及自定义错误页面，并以微软 Web 服务器或 Apache Web 服务器为例，将服务器端自定义错误页面配置步骤写下来。

思考拓展

经过一系列的网站优化和宣传推广工作，究竟成效如何，网站的流量是否提升，网站是否更受欢迎，网站推广工作给网站带来了哪些新的变化，是成功还是失败，需要通过实际的监控和数据统计才能下定论。例如，百度统计就提供了通过事先在企业网站设置安装网站流量统计代码，记录汇总企业网站流量情况及受众来源等信息，进行数据统计分析功能。此外网络服务器运营商也会提供一线数据流量的统计功能，请尝试体验一下。